# 女人有底气才从容

KEEP CALM AND CARRY ON

张燕霞 —— 著

北京日报出版社

前 言
Preface

女人可以不漂亮，但是不可以没有韵味。岁月会带走女人青春的容颜，却带不走她的优雅和从容的生活态度。对于女人来说，最重要的不是花容月貌，而是优雅的气韵。光阴如落花流水，无论一个女人有多么美丽，也无法阻挡岁月的皱纹。

生活中，我们常常会看到一些美丽的女子，她们妆容精致，身姿曼妙，走在大街上，总让人忍不住回头张望，赞叹她们的美丽。然而，当她们遇到挫折或不顺心的事情，总是怨天尤人，满嘴粗俗，让人失望不已。其实，真正优雅的女人不需要靓丽的外表、婀娜的身姿，她们拥有温婉的笑容，宁静的气质，美好的品质，让人不由自主地与之接近，为她打开心扉。

自古以来，常将女子比作花，有的女子犹如清晨绽放的丁香，有的女子宛如夜晚摇曳的鸢尾。落花流水意，红颜弹指老，当女人的青春、美丽被光阴匆匆带走时，她只能顾影自怜，叹息生命的无情。既然如此，何不做一个优雅的女人？一个由内而外散发优雅的女人？

优雅，是优美而高雅之意，它无关年龄、美貌，而在于你的心境。光阴无情而女人有情。岁月匆匆走过，在你的脸上画下千丝万缕的皱纹，这时最好的方式就是让岁月随意，你也随意，不要把年龄当作一种负担，把诸多与年龄相关的烦恼当作一种负担。红颜迟早会褪去颜色，不如让优雅使美丽延续。当你的人生谢幕时，可以给光阴一个华丽的转身。

优雅的女人拥有宁静的气韵和丰富的涵养。她们注重理解，待人友善，时刻以微笑示人，给人如阳光沐浴般的温暖；她们注意自己端庄的仪表，对生活充满信心，即便生活处于低谷，依然能展现出高贵和优雅，不会因自身的处境而忽视自己，变得邋遢、颓废。她们相信，"腹有诗书气自华"，即便身着朴素，也显得从容优雅。

优雅的女人，富有责任心，她们做事尽职尽责，却不争强好胜；她们谈吐优雅，却又不失幽默；她们不会随意打断别人谈话，也不会将自己的意见强加于人。和她们相处时，让人没有压力，如沐春风。

优雅的女人，还拥有一颗洒脱、真诚的心。对待男性的追求，她们会积极地回应；面对男性的冷淡，也会巧妙应付。她们敢爱敢恨,却不会沉浸在过去不能自拔;她们对家庭负有责任,能够包容丈夫的过错,同时面对没有爱情的婚姻,也能快刀斩乱麻,重获新生。即使她们的爱情不尽如人意,也不会让自己沉湎于过去,而能优雅地转过身去,开始全新的生活。优雅的女人具有高尚的品质,她们宽容而善良,不与人争辩,不锱铢必较。她们善解人意,温柔平和,给人足够的信任感。她们善待身边的每个人,能宽容别人的错失。

我们总是感叹生活的不如意,而忘了改变自己。当觉得周围的一切不公平、心情焦躁的时候,请记住:不要因为忙碌与挣扎而丢失了以往的心平气和;不要因为与人攀比而试图向外界寻求依靠;不要因为外界的喧闹而忽视内心的安宁……外界越是喧闹,内心越要保持安宁。当静静地绽放光芒时,哪怕是身处低谷,也能由内而外地绽放美丽。

# CONTENTS 目录

## CHAPTER 01 从容地改变：
多数人死于庸常，少数人绝地反击

你的人生，除去必要支出的时间，还剩下多少时光　2
灵魂的香气来自一颗宽容的心　9
找到当下生活的愿景：想象一个没有钟表的世界　14
生活，哪里都一样；不一样的是，你选择如何生活　18
从容是一种生活态度：不慌不忙，自有力量　25
房子也许是租来的，但生活不是　33

## CHAPTER 02 从容地坚持：
### 从来没有一种坚持会被辜负

人生最可怕的事，是一边后悔一边生活　42
想得太多或太少，都会让自己难过　50
专注、信心、从容、优雅的成功　57
不要总盯着自己缺点看：烦恼都是自找的　65
有些人把梦想变成现实，有些人把现实变成梦想　71
谁没遇到过挫折——欲带王冠，必承其重　77

## CHAPTER 03 从容地成长：
### 成熟是与不完美的自己和解

为自己确定一个精进的目标——从容向前　88
你打算如何老去，如何优雅地过一生　96
我不完美，但是我有勇气面对它　102
练习内在正能量　110
明白要趁早——告别被动的生活　115
别人不是衡量自己的标准，别害怕与别人不同　121

## CHAPTER 04　从容地自爱：
让爱情和婚姻成为你希望的样子

从容的女人，最有吸引力　130
青春，走一段弯路也无妨　136
爱情不是生活的全部，学会选择和放下，很重要　142
低质量的婚姻，不如高质量的单身　147
越有勇气的女人，运气越好　154
不论多爱，都不要成为寄生者　160

## CHAPTER 05　从容地独立：
人生永远没有太晚的开始

一个女人的品位，是有本事按照自己的意愿，将生活推向美好　168
只绝望3分钟——每个女人都应坚硬、从容地活着　174
晴天雨天都是必经——生命必须有裂缝，阳光才能照进来　179
你有趣，世界才有趣，你从容，世界便豁然开朗　185
任何时候都不忘记做自己，让从容住进血液里　191
生活总要独自前行，许未来一个绚烂的春天　197

THE SOLENT
LYMINGTON
YARMOUTH
THE ISLE OF WIG
English Miles
PRONTOR II

# CHAPTER 01

## 从容地改变：

### 多数人死于庸常，
### 少数人绝地反击

你付出的，总有一天会换成另一种形式来到你的身边。如今的所有努力，只为老了以后心中无悔。

# 你的人生，除去必要支出的时间，
# 还剩下多少时光

如果时间不会流逝，我们可以用无尽的时间做自己想要做的事情，过得从容、淡定，让自己的人生不留遗憾。

如果你能活到 100 岁，按照一年 365 天计算，你的人生长度是 36500 天。90 岁是 32850 天，80 岁是 29200 天，60 岁则是 21900 天。如果你现在 30 岁，那么，你已经度过了生命中的 10950 天，以 90 岁为标准，你的生命大约还剩下三分之二；如果你只有 20 岁，那么恭喜你，你的生命还剩下将近四分之三。如果除去吃饭、睡觉和工作的时间，在有限的生命里，属于我们自己的时间又有多少呢？

老实说，我并不喜欢做这样的计算。还记得自己第一次面对这些数字时的感受，先是震惊，然后是恐惧。我原以为几十年的生命是漫长的，感叹余生短暂应该是很久以后的事情，可是这些数字让我突然意识到，生命并没有我想象中的那么长。仔细想想，除了必要支出的时间外，剩余的光阴我们都在做些什么呢？是用充实、忙碌填满了生活的空隙，还是浑浑噩噩待在一个小小的空间里，做着浪费时间却又无意义的事情？两种选择无关勤与懒，这是个心态问题。当我们能摆正心态，从容面对空闲时间时，我们才能发现可做的事情非常多，我们可以在有限的时间里过得更加充实。

想通这一点后，我们将不再烦恼时间该如何打发，而是恐惧于时间的短暂。时间如流水，想要牢牢抓住时，它会从你的指缝中溜走。与其浑浑噩噩、碌碌无为地生活，不如从容生活，尽可能利用自己空闲的时间。

我们常说："一寸光阴一寸金，寸金难买寸光阴。"每个人都懂得时间的宝贵，但很多人还是会在有意无意中浪费时间。因为这个浮躁的世界，太容易让我们的内心变得不淡定、不从容。如果我们给予自己足够的纵容，那不仅是在浪费时间，更是在挥霍年华。

我有一个朋友，每次打电话总是抱怨周末时间太短，总说一觉醒来，吃个饭，再上会儿网，一天就没了。我听了以后，问了她两个问题：你周末通常几点睡觉？几点起床？她立刻有些心虚了，但还是跟我强调："周末嘛，放纵一点有什么关系？"

对于一些人来说，周末是狂欢的代名词，每到周末，他们就会一改工作日规律的朝九晚五，熬夜到半夜两三点，然后一直睡到第二天中午。周末的时间没有变短，只是很多时候被"睡"过去了而已。还有一些人，热衷于和旁人聊一些毫无意义的事情，热衷于幻想当500万从天而降的时候该怎么用，又或者热衷于用游戏填补虚度的光阴……正是因为他们不懂得时间的意义，才将自己的人生变得平庸，然后又来抱怨时间过得太快，什么都来不及做。说得直白一点，时间有自己既定的节奏，他们之所以会觉得时间过得太快了，只是因为时间被大把大把地挥霍了，才让生活显得浑浑噩噩。

近几年流行这么一种"病"：拖延症。这真的是病吗？当然不是。所谓拖延症，其实就是一个字：懒。试想，我们有多少时间是浪费在了这个"懒"字上呢？有多少人经常把这样的话挂在嘴边：懒得起床，懒得看书，懒得学习，甚至懒得睡觉……如果粗略地统计一下，你就会发现，身边几乎所有人都说过这样的话，当然也包括你自己。

如果你也是这样的人，请尝试着管住自己，让自己从容地生活。在从容生活之前，不妨给自己制订一个从容的计划：给自己定下早睡早起的时间，时间一到，就立刻睡觉或立刻起床，

绝不找任何理由拖延。我们还可以给周末列一个计划表，明确什么时候要做什么事，然后一丝不苟地执行。如果你真的这样做了，你会发现它们不仅不如你想象中那样困难，反而会给你带来诸多惊喜。

比如，当你按照计划出门散了半个小时步，你会发现懒散的肌体重新恢复了活力；当你按照计划阅读了一篇你喜欢的文字，你会发现疲倦的心灵有了休憩的港湾；当你按照计划仔细打扫了房间，你会发现自己的心情也会变得明净了许多……就这样，按照计划从容度过每一分每一秒，每天都会是充满意义的一天。

上面说的是不懂得珍惜时间，又不会时间管理的人，下面我们再说一说第二种人。第二种浪费时间的人是过于"珍惜"时间的人。这似乎听起来有些矛盾,但这种人的确存在,我的朋友A小姐可以作为个中代表。

A小姐对生活充满了热情,有着孩子般的好奇心和广泛的兴趣爱好。她是一个深知时间宝贵的女人,经常对我们说的一句话就是:"没时间。"她喜欢旅游,喜欢阅读,喜欢音乐,还喜欢绘画和舞蹈。她在QQ空间里这样写道:"我要尽我所能地丰富这短暂的一生。"于是,她陆续报了工笔画、民族舞和小提琴三门课程;还规定自己每月必须逛一次书店。她说,好书太多了,不每个月逛一次怎么行?至于旅游,因为她每个周末都安排得满满的,于是就被搁置了。

结果,半年后,她放弃了工笔画的学习,她说同时学三门课程太累了,精力不够用。又过了半年,她结束了小提琴和民族舞的学习,说是准备出门旅游,给自己好好放个假。可是她终究没有去成,因为她的家里积攒了许多书籍,由于忙碌,她连一本都没有看完,其中几本甚至已经落灰了。她说要先把这些书看完,再考虑旅游的事。

直到有一天,她说看新闻看到她最想去的一个地方,因为搞开发,已经变得面目全非。然而,她还没来得及去,为此她后悔至极。可是,她回过头来问自己:这一年多的时间里,自己都做了些什么呢?

这一年多里,她确实做了很多事,但也正因为如此,最后,她什么也没有做好。

物极必反。我们过于珍惜时间,太想要用一些东西来填满这短暂的生命,以至于我们常常忽略这样一个道理:生命的长度有限,深度无限。从这个意义上来说,生命也是无限的,想要填满它,难道不是太贪心了吗?而人一旦贪心,就会自乱阵脚,让时间在莫名其妙的繁忙中流逝,最终的结果当然只能是一无所获。当我们不够从容时,即便时间被安排得满满的,也不过是忙乱地浪费时间。当我们没有一个从容的计划,没有一个从容的心态去执行计划时,这和浪费时间又有什么区别呢?

所以,把自己的心态放从容,按部就班地充实光阴;当你不负光阴时,光阴自然不会负你。时间是个奇怪的东西,你越珍惜,它越慷慨。人生没有太晚的开始,76岁的摩西奶奶虽然不能再刺绣,但是她拿起画笔,仍然可以画下她眼中的美景。

人的一生,来也匆匆,去也匆匆,不管你的人生还有多长时间,最重要的是,你要找到自己真正喜爱的事情,找到一个真正喜欢的人,然后和喜欢的一切在一起,淡定从容地走下去。

把自己的心态放从容，按部就班地充实光阴；
当你不负光阴时，光阴自然不会负你。

## 灵魂的香气来自一颗宽容的心

纵使见过世间的纷纷扰扰、人间冷暖,
依然心存温暖,善待周围的一切。

经常被读者问到同样的问题,你一直在说要做一个灵魂有香气的女人,到底什么样的女人才称得上"灵魂有香气"?

首先就是要真实,不能虚伪。一个不真诚的人,就像一朵艳丽的塑胶花,只是看起来很漂亮,却无法散发香气。

其次,你要拥有一颗宽容善良的心。在我看来,一颗宽容善良的心尤为重要,一个宽容善良的女人,从骨子里透出来的温和气质,才称得上是真正的"灵魂有香气"。

有一次，我在我家附近的餐馆吃午饭，一位母亲带着儿子到餐馆就餐，上菜时，服务员不小心将菜汤洒在了这位母亲的裙子上。服务员忙不迭地道歉，并提出可以赔偿。然而，这位母亲却不依不饶，不仅要求餐馆支付三倍的购衣款，还要免除他们此次就餐的费用。

餐馆方面表示无法接受。于是，这位母亲一个电话叫来了五六个男性亲戚，声称如果不接受他们开出的条件，就把餐馆砸烂，谁都别想好。混乱的阵势把她五六岁的儿子吓得哇哇直哭。最终餐馆报了警，在警方的介入下，这位母亲和她的亲戚才罢休，这场闹剧最终以餐馆赔偿100元收场。

那个孩子的哭声在我脑海里盘旋了好久，我不禁想：这位不懂宽容的母亲和一众长辈们，给他做了一个多么糟糕的表率啊！宽容，虽说不是每个人的必修课，却是塑造美好灵魂不可或缺的品质。不难想象，在一个充满戾气的环境中成长的孩子，长大后很可能也会小心眼儿，脾气暴躁，性格狭隘。

法国作家雨果在小说《巴黎圣母院》中这样写道："宽宏大量，是一道能够照亮伟大灵魂的光芒。"巴黎圣母院丑陋的敲钟人加西莫多，在副主教的指使下劫持了善良美丽的吉卜赛姑娘爱丝梅拉达。后来，皇家卫队救下了姑娘，抓住了加西莫多。当加西莫多被绑在绞台上受刑时，他非常口渴，却没人给他水喝。爱

爱自己，爱他人，爱这个世界；
心若宽容，便花香满溢，豁然开朗。

丝梅拉达则抛却前嫌，走上绞台喂他喝水。她的宽容让加西莫多流下了感动的眼泪，所以，当爱丝梅拉达陷入危难之中时，加西莫多舍身相救。

宽容是一种美德，宽容是一种理解，宽容是一种品格，宽容更是一种境界。原本就漂亮的爱丝梅拉达在宽容的映衬下像极了福洒人间的圣母，美丽的灵魂香气满溢。

古今中外伟大的文学作品中，纯洁、美丽、善良、举手投足宛若天使的人物数不胜数，但是，在众目睽睽之下能对曾经绑架过自己的丑陋的加西莫多施以善意和关怀的人能有几个呢？正如雨果对宽宏大量的评论，宽容善良的品质可以塑造一个伟大的灵魂，震撼人心。所以，爱丝梅拉达这一经典人物形象才得以流芳百世。

在电影《悲惨世界》中，度过了十九年牢狱生涯的冉·阿让，在出狱后成了流浪汉。但幸运的是他被一位老主教收留，不仅给他提供了住的地方，还为他提供一日三餐。可是已经对生活、对自己失去信心的冉·阿让一心只想报复社会，后来，他竟然偷了教堂里的银器，逃跑了。

不过，没有跑多远，冉·阿让就被巡逻的警察发现了。他们抓住冉·阿让并把他带到老主教的面前进行对质，老主教却说，这些银器是自己送给冉·阿让的，从而让冉·阿让逃过了一劫。

老主教的宽容让冉·阿让大受感动，他决心洗心革面、重新做人。后来，他经过自己的奋斗成了大富翁，并帮助了很多需要帮助的人。

宽容和爱能使人向善，即使一个已经迷路，甚至迷失、堕落的灵魂，在宽容和爱的滋养下，也能重拾希望，重获新生。黑暗的深渊与光明的天堂只在一念之间，来自他人的宽容与爱让黑暗不再黑暗，让人间充满温暖。

一个有着宽容之心的灵魂，不仅对别人充满宽容和同理心，对自己，也能直面过去、现在和将来的坎坷人生路。既能够享受阳光，也能够从容面对风雨；既能够在行走于坦途时淡淡微笑，也能够在跌倒时轻轻拍掉衣服上的尘土，擦干膝盖上的血迹，继续前进。

灵魂的香气来自一颗宽容的心。宽容是一杯温暖的热茶，能为需要帮助与谅解的人驱走冬夜的寒冷，并滋养你的心灵。纵使见过世间的纷纷扰扰、人间冷暖，依然心存温暖，善待周围的一切。爱自己，爱他人，爱这个世界；心若宽容，便花香满溢，豁然开朗。

## 找到当下生活的愿景：
## 想象一个没有钟表的世界

就算时间不能定格，
但相信我们能把握好每一天，让每天过得如愿以偿。

忙忙碌碌是现代女性真实的生活写照。大家忙着工作、照顾家庭……每天似乎都把自己转成了一个陀螺。所以，很多人抱怨，整天忙着工作、照顾孩子，都没有时间做自己想做的事情了。在这个现实的世界里，忙碌似乎不分男女，已经成为生活的一种常态，留给我们自己的时间似乎越来越少。

很多时候，我们都设定闹钟，以此确保我们在应该醒来的时间醒来。于是，在钟表的作用下，我们准备早餐，准时上班。对于都市中朝九晚五的上班族来说，工作时间、休息时间都由钟表来决定：早上9点到办公室，中午12点休息、吃饭，下午5点下班……看着墙上嘀嘀嗒嗒的钟表，我们计算着时间。

也许你会想："如果这个世界上没有时间、没有钟表那该多好啊！"不妨就让我们来想象一下，如果世界上没有钟表的话，将会变成什么样子呢？如果时间不会流逝，你想要怎样的生活呢？

有一天，凌晨0点38分，朋友周舟突然给我打来电话。睡眼蒙眬的我接起电话还没说话，只听电话那头的她兴奋地问："你猜我在哪儿？"我迷迷糊糊地说道："香港！"只听到她咯咯地笑道："我在美国！"我瞬间被惊醒："国际长途？"

"你总是在乎钱，我现在在世界牛人汇聚的地方——华尔街！"她去了华尔街，这是我们在好多年前一起看旅游杂志时相约23岁生日之前要去的地方。可是，现在的我依然在熟悉的故土，而她如约跑到了大洋彼岸。我不禁陷入沉思，电话那头的她听到我这边没有了声音，问我是不是睡着了。我停顿片刻，说"很羡慕你"。只听她银铃般的笑声传来，紧接着说："其实你也可以。"我非常羡慕她洒脱的生活，想想自己现在的生活，总是被众多的不得已填满。工作、家庭已经占用了我全部时间，哪儿还有时间过自己想要的生活呢？

回想自己，我的生活一直沉浸在现实的忙碌中，似乎过于遵守时间的规律和束缚了，就这样一日复一日地重复单调的生活。在电话结束时，周舟意味深长地说："你过于重视你的时钟了，想象一下这个世界没有时钟的话,你要过怎样的生活,从现在开始做个计划吧!"我静下心来,先在脑海中打了一遍草稿,然后,爬起来,就着灯光虔诚地写下了我的愿望:

**1. 读几本好书**。二十几岁后,开始接触社会,在和别人交往的过程中我发现,谈吐和修养很重要,这是成为优雅女人的必备要素。喜欢看书的女孩是充满智慧的,从书店挑几本可以提升自己的书籍回家阅读,无论是激励方面的还是理财方面的,都值得我们学习。但是,读什么书却很重要,要选择对自己的提升有益的书籍。有的书,让女人变得疯狂而野蛮;有的书,却可以让女人变得优雅且有气质。喜欢读书的女孩,都有着一个好心态;沉浸在书籍的海洋汲取大量营养,可以使我们更加从容淡定。

**2. 懂得如何为自己描眉施粉**。虽说女人的美,需要一种自然美,"天然去雕饰,清水出芙蓉"。但是,再天然的美,也是经不起人眼挑剔的,唯有被精心修饰过的美,才是精致的、完美的、耐人寻味的、久久散发韵味的。因为,这是一份心情,一份涵养,一份优雅,一份姿态。

**3. 提升品位**。二十几岁后要开始用心经营自己,不仅要体现在自己的外表及涵养上,还应有自己独特的品位。品位是能够用自己的眼光来欣赏一件东西,用高级品位挑选物品。在某种程度上,一个人的品位跟她的气质相辅相成,品位的高低跟一个人生活中对美好事物的发现有很重要的关系。平时可多看一些时尚杂志，以此提升自己对服饰的欣赏能力。

**4. 养护身心**。如果时间不会流逝，要学会调节自己的心态，让自己变得更加从容、淡定。同时，要保护好自己的身体，在饮食方面要多注意，可以多看一些饮食方面的书籍。任何一个女人都不能以任何借口不照顾好自己的身体，无论明天多美好，残败的身体始终无法感到它的美好。

如果时间不会流逝，我们可以用无尽的时间，做自己想要做的事情，过得从容、淡定，让自己的人生不留遗憾，每天都是特别的。如果我们对自己的未来生活有所规划，就算时间不能定格，那我们也能把握好每一天，让每天过得如愿以偿。

# 生活，哪里都一样；
# 不一样的是，你选择如何生活

聪明的女人都知道，
生活并不是活给别人看的，而是给自己过的。

有一次，跟一位在瑞典的朋友聊天，她说："你不知道，我觉得，这三十年来，错的最离谱的一件事就是来到瑞典。"虽然，时常会在朋友圈看到她抱怨瑞典生活的无聊，可也不曾想到，瑞典生活带给她的是如此的梦魇。

我笑着说："瑞典没你说的那么差吧，人生最好的状态不过就是过着安稳的生活罢了。""等你来了以后，你就会知道瑞典有多糟糕了。人烟稀少，每天的生活都一成不变。一年中有半年的时间见不到太阳，整个人都感觉像发霉了。"朋友向我说道。

开始我想不通，既然不喜欢，为什么不换一个地方生活呢？既

然在瑞典生活得不愉快,那换一个地方生活不就好了吗?

可是,我看到有很多华人在瑞典将自己的生活也过得有滋有味的,传到朋友圈的照片无一不带着悠闲恬淡的笑容,引得好友们都开始向往瑞典悠闲的慢节奏生活。我终于明白了,其实不是生活乏味,而是有的人对待生活的态度过于单一;心里不平静时,到哪里都无法保持从容淡定的心态,永远羡慕别处的生活。

"Everything depends on one's attitude.Life is like a mirror,if you smile at it,it will smile back to you." 翻译成中

文就是:"每件事情的好与坏都取决于你的态度。生活就像是一面镜子,你积极微笑面对,它也会以微笑回报你。"

生活,哪里都是一样的。但是,你的生活之所以与别人的不一样,取决于你选择如何生活。一个热爱生活的人,一个从容、淡定的人,是不会觉得每天都是重复的,因为他们总能把别人口中一成不变的生活过成自己想要的样子。其实,每天都是不一样的,每天我们都会遇到不同的人,做不同的事,只是我们太心浮气躁,发现不了其中的美好。

在《一个人的朝圣》中,有这样一段话:

田埂间的土地高低起伏,被划分成一个个方块,周边围着高高低低的树篱。他忍不住驻足遥望,自觉惭愧;深深浅浅的绿,原来可以有这么多变化,有些深得像黑色的天鹅绒,有些又浅得几乎成了黄色。阳光一定是不小心捕捉到了远方一辆经过的汽车或是一扇窗户,因为有个亮点远远地穿过层叠的丘陵映入眼帘,如一道忽明忽灭的星光。从前怎么没有注意到这些呢?

是啊,从前怎么没有注意到这些呢?相信很多人在耄耋之年,回看自己人生走过的路的时候,都会这样感慨。经历过一段627里、历时87天的徒步远行之后,老哈罗德才认识到,自己如何对生活,生活就将如何反馈给自己。生活中的美好,一直都

幸福是一种心境，和你拥有多少财富、住什么样的房子、开什么样的车都没有关系。

在那里，只是大多数时间我们选择陷于庸常忙碌的生活，不曾放慢脚步，停下来，用心去看一看。

保罗·柯艾略在《朝圣》中说：我们要从平日司空见惯的事物中发掘出视而不见的秘密。如果你以美好的眼光观察这个世界，淡定从容地享受生活，你就永远能看见天使的面容。

我的朋友任心在苏州生活了将近十年，如今已经30多岁了，前一阵儿突然辞去了月薪8000元的工作。我担忧地问她："你要怎么生活？"她恬然一笑，跟我开玩笑："去街头给人擦皮鞋。"

当初，为了这份工作，任心可谓是过五关斩六将，付出了很多努力。为了创造业绩，她每天都早出晚归。当然，她的辛苦也换来了收获——升职加薪。在所有人看来，有了这样的生活，她真是太幸福了。

然而，这位大龄文艺女青年现在说不干就不干了，朋友们只能哭笑不得地说："你还真是像你的名字一样，够任性。"任心对此不以为然。其实，任心没有真的去擦皮鞋，而是把自己买的两套多余的房子进行了简单装修，然后租了出去。她淡淡地对我说："应对日常生活，这点租金就足够了。"

之后，她就提前过上了我们这帮朋友一直向往的"退休后的生活"。她买菜、买肉都不再去超市，改去菜市场，因为她说菜市场的生活烟火气十足。她开始对着镜子自己学习剪发、漂染头发,甚至还自己设计好看的发型。好多人看到她自己设计的发型都纷纷向她求教。想要看书了就去图书馆,想看电影了就去租DVD,看完了还回去,绝不囤积不必要的物品。任心甚至还学会了自己晒干茉莉花,然后买草药来配成功效不同的花草茶;还亲手做了锦缎的靠垫来装饰自己的房间。每次朋友聚会,她都会自己做一些好看又好吃的饼干招待朋友。生活之余,她也会接一些设计、撰稿之类的工作来做。

几个月之后,我们约在咖啡馆喝咖啡,任心整个人的气质像变了一样,整个人显得特别平和、从容。她感叹地说:"从前,自己想要的太多,即便月薪8000元,也感觉自己过得像个穷人一样。现在的我虽然赚得不多,但是,天天都过得很开心。"

现在的任心,把大部分时间和金钱用于旅游,她说:"不是每个人都能健康地活到60岁,就算你60岁之后还有精力去环游世界,你的心境,你看到的世态人情,也和当下看到的不一样。生活,其实哪里都一样;不一样的是,你选择如何生活。"

幸福是一种心境,和你拥有多少财富、住什么样的房子、开什么样的车都没有关系。每个女人都应该主动选择自己喜欢的生活方式,而不是被动地被生活选择。因为聪明的女人都知道,生活并不是活给别人看的,而是给自己过的。想要成为幸福的女人,就应该努力按照自己想要的方式去生活。也许表面上看起来，我们并没有得到很多，但内心却时刻充盈。内心是满的，灵魂就会得到快乐，那是多少物质和金钱都换不来的。

生活，其实哪里都一样，不一样的是你的选择，关键在于你怎样看待生活。选择在北上广生活，只要心怀梦想，不随波逐流，你就可以活出自己的姿态；选择隐居山野，只要保持自律而心境恬淡，对大自然保有热情，你也可以把日子过成诗。总是羡慕别处的生活，终日牢骚满腹，满身戾气，还不如静下心来好好想想，怎样把自己当下的生活过得活色生香。

## 从容是一种生活态度：
## 不慌不忙，自有力量

保持一颗不慌不忙、有条不紊的心，
显然要比急躁更有力量。

"行到水穷处，坐看云起时。""暮色苍茫看劲松，乱云飞渡仍从容。"不管是坐看云起，还是在乱云飞渡中，都让人钦佩和赞美。因为我们的人生需要一颗安静的心，一份淡然的超越。

朱自清曾在《匆匆》中发出了这样的疑问：燕子去了，有再来的时候；杨柳枯了，有再青的时候；桃花谢了，有再开的时候。但是，聪明的你告诉我，我们的日子为什么一去不复返呢？是啊，日子一去不复返的确令人心生烦恼，但是生活还将继续，而我们也只能以从容的态度不断向前。

《庄子·秋水》有："儵鱼出游从容，是鱼之乐也。"凭借从容，诸葛亮舌战江东群儒，仍能谈笑自如；凭借从容，关云长单刀赴会，尽显英雄本色。从容是"运筹帷幄之中，决胜千里之外"的淡定自如，从容是历经沧桑、阅尽繁华后的返璞归真。从容是一种源于内心深处的乐观与豁达，彰显了自身的文化修养。庄子不为功名利禄所动，不愿面对一国之君"以国事累"，而宁愿"曳尾于涂中"。千年前的庄子能够有如此的抉择，实在是从容到了极致。

一天，一位画家朋友邀我到她的新家做客，早就听说她搬离了喧嚣的城市，在城郊买了一处房子，并且亲自操刀，设计装修了新家。

按照朋友给的地址，中途问路加地图导航，终于找到了一幢二层小楼房，刹那间，路途的疲累全部消解。小楼四周都是高高矮矮的绿色植物，外墙爬满了绿色的爬山虎，依稀看到墙体呈暗白色，醒目却不耀眼。果然，她为自己寻了一个清净、适合她艺术创作和身心对话的地方。

轻叩铁门，不一会儿，只见朋友身着姜黄色棉质长裙，脚踩一双中式千层底鞋，上面绣着精致的兰花。她微笑着走过来，仿佛遁世的高人一般，淡雅脱俗，自带仙气。

我进入她家客厅，兀自坐下，几句寒暄后，我独自品着茶，开始打量四周的摆设。屋子里被各种花花草草占据，墙上挂着她自己画的花草作品。她站在花草中间继续摆弄她的花草，我们一起分享这份宁静。我们聊起工作生活的时候，我问她："为什么选择搬到这里来？这里交通极不方便，去趟市里像是跨市，虽然清净安静，但非常不利于你与外界沟通交流。还有，你以前设计事务所的工作收入那么高，而且正值事业上升期，现在变成了收入不稳定的自由职业者，怎么舍得放弃原来的工作？"

她淡然地笑着说："其实，有很多人都问过我这个问题。设计事务所的工作收入确实很高，可以让我买很多条名牌牛仔裤，抽高级香烟，去做SPA……但那只是一种看起来很光鲜的生活。我身体里像拧紧了发条，经常为了一个方案可有可无的细节和同事争得面红耳赤，经常熬夜冥思苦想设计方案。觉得压力大的时候，我就抽烟，一根接一根。幸好我的身体底子好，没出什么毛病，但是我不得不承认，我活得不快乐，经常焦虑。那时候我的脸，比现在老十岁不止。

"后来，我休了一次假，自己去山上住了几天，彻底想明白了。我甚至有些搞不懂之前那个爱着急、焦虑的自己，我到底想要什么。我想要的生活是不慌不忙、从从容容的，为什么我要活得那么拧巴。于是，我辞了职，戒了烟，找了这处房子，在这里开始了新生活。这里交通确实不便利，也不能经常和朋友们见面，但这正好给我更多的时间独处，可以让我安静地思考、读书、画画。你看我现在画的画，是不是比以前好多了？"她指着客厅四周墙上挂的花草画说。

不难看出，如今，她的所思所想已经完全融入到了这种淡然的生活中，看着她充满女人味儿的一颦一笑、一举手一投足，看着她随时散发出来的淡然和优雅，我突然觉得生活真好，我们都应该从容地追求自己想要的生活。这种感染力并非来自于她生机勃勃的新家，而是来自她身上散发出来的淡然、优雅、从容的真诚气质，有种让人觉得"岁月静好"的淡然。

最美丽的女人可以不是最漂亮、最聪明的，但一定是从容淡定的。从容的女人像秋叶般静美，淡淡地来，淡淡地去，给人以宁静；活得简单，却很有味道。人淡如菊，是人生难以企及的一种境界。对于女人来讲，从容淡定是最好的招牌，也是最好的化妆品。做女人，从容是一种优雅，是一种生活态度，是智慧的证明！

我的朋友夏梦是个部门主管，虽说她管理的部门不算大，但手下也有十几个人。最近，每次打电话找她，等不及我这边说话，她都会说，在忙在忙……然后电话一阵忙音。不用猜，那一刻她的状态一定是：一大堆文件堆在桌子上，还有电话那头老板和客户的狂轰滥炸，再加上连日里的闷热天气，用她的话说就是："简直丧到了极点。"

有一天，半夜我的电话响了，迷迷糊糊接起电话，原来是夏梦的电话。还没等我说完"大忙人，你终于有时间给我打电话了……"就听到她那边各种诉苦。我知道，下面，我只管听着就好了。

终于，夏大小姐说完了。

我不禁呼了一口气，耐心劝道："你何必把自己搞得这么紧张，你可以分一些事情给你的部下做啊，他们也需要机会展示自己的才华，那样你也可以过得从容一点。"电话那头传来她气急败坏的声音："都火烧眉毛了，我还从容？从容得起来吗我?！我又不像你，有那么多得力干将帮你分担事务。我什么事都得自己来！"我能想得到电话那头的她此刻就像一只炸毛的猫咪，逮谁挠谁。

"你这样弄得我都很紧张，你那些部下更不好过吧？大家一起低效率，想要顺利做事那还真是问题。"夏梦不说话了，停顿了一分钟之后，她轻声问："你也有种想躲着我的感觉了？是，最近大家都在躲着我，这让我很苦恼。"我耐心安慰："何苦为难自己，也为难别人呢？你不过想要解决问题，可你这种急躁的样子，只会让问题变得更糟。"她又沉默了一会儿，说："让我好好想想。"

几天后，她打来电话，语气满是轻松："事情都解决了，还签了一个大单。赶紧收拾一下出来，请你奢侈一把。"见面一看，

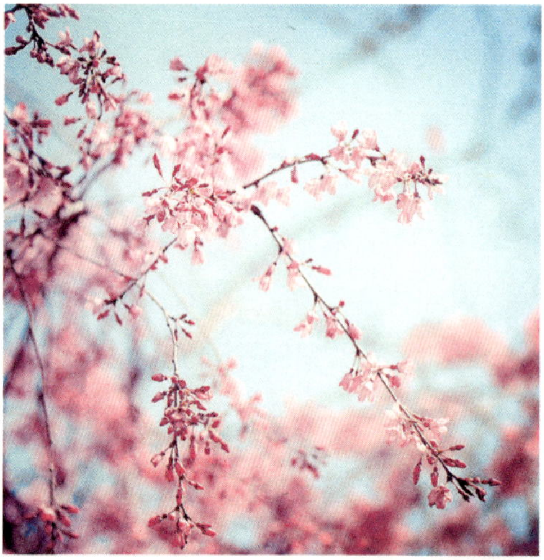

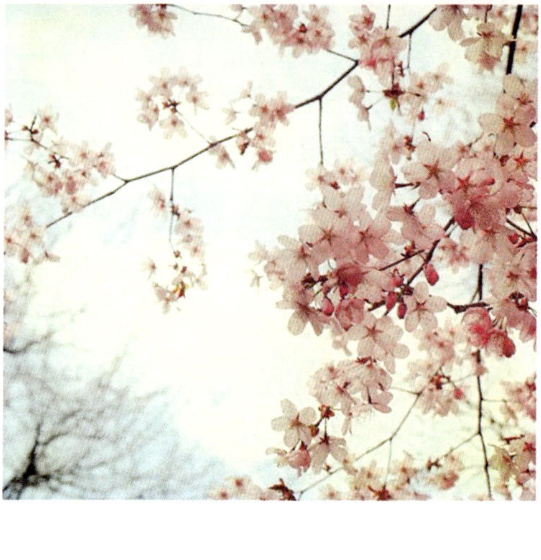

她气色确实好了很多。在餐厅，她手捧茶杯装模作样地说要敬我，说那通电话一语惊醒了梦中人。原来，那天挂掉电话之后，她看到自己纷乱的房间，收拾了一番，心绪顿时没那么杂乱了。于是，又给自己泡了一杯绿茶，在茶香中开始反思自己最近的状态，心里顿觉轻松不少。思绪平稳之后，她开始不慌不忙梳理自己手里的事情，一件件写下来，并且根据部下每个人的特长，给他们分配好了任务，还规划好了时间。第二天一上班，她就召开了部门会议，跟大家解释了最近自己情绪不稳定，然后分配好了工作。她说："看到大家回到各自位置上开始有条不紊地工作，我就知道，你说对了。"

果然，下班钟声敲响时，她惊觉自己布置的所有任务竟然都完成了，并且完成得都很出色。于是，夏梦悟出了这样一个道理：不慌不忙、岁月静好不仅是一种从容的心态，更是一种生活态度。保持一颗不慌不忙、有条不紊的心，显然要比急躁更有力量。

有句话说得好："不慌不忙，万物莫不自得。"所以，从现在开始努力尝试做一个淡定的女人吧！以淡定的心态面对生活的压力、梦想与现实的差距、红尘中的苦楚……有时候，并不是生活给我们痛苦，而是我们并未学会从容面对。

从容是一种淡定优雅的生活态度，不慌不忙，自有力量。你若从容面对，悉心对待，生活必将还你一个华丽的转身。

不慌不忙、岁月静好不仅是一种从容的心态,更是一种生活态度。

# 房子也许是租来的，
# 但生活不是

一个热爱生活的人，
会用一颗欣赏的心去对待生活。

　　刚开始工作的时候，我开始了租房生活。久而久之，我发现，生活其实需要一种能力，才能将它经营好。这种能力就是我们平日里所说的"仪式感"。具体一点来说，或许是为自己的房间添一束花，在地上铺一块精美实用的地毯……生活中的这些点点滴滴，会把主人的审美都淋漓尽致地表现出来。其实，一花一草不仅美化了环境，还能体现出我们从容不迫的心态。

　　在异乡生活，一处温馨的住所，能够很大程度上消减孤独感。我居住的房间是由一间小书房改造出来的，它只能安置一个小衣柜、一张单人床、一个书桌。墙上有一个三层书架，与阳台相连。我平时没有精力将这个房间布置得多么精美，我能做的只有两件事——将床布置舒服，保持房间的干净整洁。

刚住进来时，我将屋子里里外外打扫得干干净净，买了一个柔软的床垫，并换上了自己喜欢的床单，让人看上去觉得很舒适。随后我从公司剪了一枝绿萝回来，插到一个透明的玻璃瓶中，任其生长。又从网上买了各式收纳筐盒，将零碎的东西整理好。其实装扮房屋是一个有趣的过程，它是你真正开始生活的序曲，因为真正的挑战来自日常生活中层出不穷的零碎事情。

那时，我去上海找我的闺密玩，虽然她月收入过万，却对生活毫不上心。她和公司几个不熟的同事，住在公司为她们租的一套三室两厅的房间。本来条件很好的环境，被她们住得像是地下室。据说卫生间的灯已经坏了好几个月，她们每次洗澡都是用手机上的灯光来照明。厨房的水龙头早就不能用了，梳洗台上也是满满一层灰。其实生活中无非洗漱、做饭，这些事情看似微乎其微，但是你每天都在重复做。而这些看似微小的事情，决定了你的生活质量。在工作之前，这些事情或许有很大一部分父母为我们解决了，但是在我们未来很多时间，终究需要我们来面对。如果你懒得找人修理，敷衍生活，那么渐渐你会驯养出一个随便的生活态度，你会习惯在每一件事情上放弃标准，最终成为一个没有质感的人。

我妈妈是一个很热爱生活的人，在潜移默化下，我也沿袭了她对生活的态度。虽然我没有好的厨艺，但是我有一颗热爱生活的心。我每天都会到超市买黑米、绿豆等，每晚都会给自己变着花样熬不同的粥。手机中下载了做饭的APP，以便搜索一些简单的菜谱，这样自己就可以营养快捷地解决一餐。时间久了，周末我还会给自己做一些糖醋排骨、小鸡炖蘑菇之类的菜开开荤。

和我一同进公司的同事用"逃难"来形容她的生活。她从来都不会下厨房做饭，每天都在外面随便吃一点，如麻辣烫、肉夹馍等。她时常会抱怨生活艰辛，讨厌租房的生活，即使下班了，都不想回家。听到她的诉苦后，我常给她带一些我自己熬的绿豆粥、莲子汤等。其实，把自己的小屋打扫干净，简单给自己做一顿饭，或许就会改变自己"逃难"的心境，慰藉着独自漂泊的孤独心灵。

其实，以前的我也不喜欢做饭，总认为做饭、做家务是很无聊的事情。但是，后来自己租房子生活以后，经常会手忙脚乱应付生活的琐事，我才明白这些都是我们生活的一部分，对我们来说很重要。好好生活是一种态度，也是一种能力的锻炼。做饭让我们更有耐心，学会平衡各种味道，也学会平衡生活中的各种矛盾；整理收纳不仅让我们时时清洁自己的房间，也让我们时时净化自己的内心。如此，在岁月沉淀中，我们囿于厨房与爱，前方却是星辰大海。不知不觉中，你会发现，你眼中的日常竟然成了别人所艳羡的精致生活。

女人的魅力，需要华丽的衣服和动人的妆容来衬托，而在生活的烟火中沉淀下来的优雅和从容，才是永恒的，永远不会泯灭。优雅、从容源于我们对生活的态度，心态是自己可以决定的事情，只要你愿意，随时可以转换频道，将心灵的电台调频到快乐频道。即使遇到不顺心的事情，也要微笑面对，因为快乐从来都是自己可以决定的。

朋友小A和别人合租了一套公寓，虽然她的小屋只有不到10平方米，房间里的家具也很简单，但她却将自己的单身生活经营得有声有色。

虽然工作很忙，但是小A从来没有忽视过生活。房间虽小，也被她收拾得干净整齐，有花有草，散发着勃勃生机。她在网上报了英语课程，下班回来后，给自己充电；她还买了很多书，每晚睡前都雷打不动看半个小时的书。周末，她也不会总是把自己宅在家里，经常跟朋友外出郊游。实在不想出门的话，她会到厨房研究一下新菜谱，厨艺一天比一天精湛；还时不时做一桌子菜，邀请三五好友，谈天说地，不亦乐乎。

她曾说："房子是租来的，但生活是自己的。每天努力工作。正是为了更好地享受每一天的生活。"细想她说的话，确实如此，我们想要享受生活的快乐，就要发现生活中的美好，这样才能够在平淡生活中创造出更多精彩。

但生活中，很多人并不像我的朋友小A那样能够经营好自己的生活，大多数人只把租的屋子当作是睡觉的地方，根本不把它当成自己的小家来用心收拾。许多人想的是："如果有一天我有了属于自己的房子……"连出租小屋都收拾不好的人，真正拥有了自己的房子后，就能够将自己的家收拾好了吗？

我们常常羡慕别处的生活，生活在大都市，会向往宁静的乡村；生活在乡村，又会向往城市的繁华便利。其实，生活一直都在当下的每一个瞬间。如果你觉得当下的生活不能给你快乐，那就从改变自己的房间开始，重新设计一下，加上自己喜欢的元素，扔掉不必要的囤积物品，其实很简单。想象一下，每天下班

你如何对待生活，生活也将如何对待你。

后拖着疲惫的身体打开门，看到自己创造的喜欢的小房间，是不是又会感觉满血复活了呢？

一个热爱生活的人，会用一颗欣赏的心去对待生活。大冰在《阿弥陀佛么么哒》中说："任何一种长期单一模式的生活，都是在对自己犯罪。明知有多项选择的权利却不去主张，更是错上加错。谁说你我没权利过上那样的生活：既可以朝九晚五，又能够浪迹天涯。"

不要因为屋子是租来的，就将自己的生活质量降低。你如何对待生活，生活也将如何对待你。即便现实世界中的我们很平凡，也要乐观、从容地生活，用双手和一颗淡然的心，构建属于自己的美好未来。

...entry is that of Charlemagne at which Elvira and Ernani are conversing behind the tomb; he overhears the conspirators vote against the life of the emperor, and the latter resolves to murder Carlos, or Carlos's attendants. The king is foiled by the appearance of the nobles, declaring that he must die. Ernani commands that all as Don Juan of Aragon, who has been proscribed. Elvira begs mercy for her lover, and Carlos, whose mood has changed, forgives them both and places El-vira's hand in that of Ernani.

Act IV. *Castle of Ernani*. Elvira and Ernani have

## CHAPTER 02

# 从容的坚持：

## 从来没有一种坚持
## 会被辜负

---

有些人明明离成功只有一步之遥，却放弃了；有些人辛辛苦苦坚持到底，人们却以为成功轻而易举、唾手可得。我们习惯看到荣耀，却忽略它背后百分百的努力；我们要坚持努力，才能拥抱属于自己的荣耀。

# 人生最可怕的事，
# 是一边后悔一边生活

永远都不要为自己选择的道路而后悔，
不管是从前，还是现在，或者是未来。

人生中不可能永远都是一帆风顺的，很多人在遇到挫折时，总是一厢情愿地认为美好的东西再也和自己无缘，从而陷入后悔的无限循环中。遇到挫折，产生后悔；再遭遇挫折，继续后悔。我们不知道的是，这样的状态不但让我们无法走出僵局，还会让我们错过更多美好的东西，就像泰戈尔曾经说的那样：当错过太阳时你流了泪，那么，就不要错过群星了。

人生最可怕的事情，是一边后悔一边生活。因为那样，你会错过很多美好的瞬间，错过很多感受别人关心的温暖，错过很多可以好好把握的机会。

上学的时候，我有一个关系较好的学妹小舟，她是家里最小的孩子。暑假前两周，我们需要合作做一个社会调查，两个人一起连着忙了两个周末。第三个周末，小舟终于可以闲下来做自己想做的事情了。

可是，赶上她母亲要回老家去参加一个婚礼，把她哥哥家的孩子——自己的小侄儿给她留在了家里，并嘱咐小舟照顾好孩子。七八岁的小家伙，正是淘气的时候。开始小舟让他自己玩，然而当她坐在沙发上开始看自己喜欢的书时，小家伙开启了淘气模式，拿着玩具冲锋枪，非要跟她玩打仗的游戏，而且还让小舟配合他进行角色扮演。她耐着性子再次告诉小淘气说自己想要看书，让他自己玩。小家伙答应得很爽快，可是没过一会儿，又过来找姑姑问东问西，时不时骚扰她一下，拽拽她的衣服，揪揪她的辫子，这让原本想静静看书的小舟非常烦躁。忍无可忍之时，她狠狠地在小家伙的屁股上拍了几巴掌。结果，小家伙哭个不停，小舟更加不知所措了。

小舟十分后悔，自己答应母亲把小家伙留在家里。越想越后悔，后悔的事不断往前倒带，想到早上倒水时不小心烫伤的手，心里开始嘀咕："都是这个小家伙，如果让母亲带走他的话，就不会出现这样的事情！"可惜，生活没有如果，就像世间没有后悔

43

药。她拿东西的时候又不小心碰掉了杯子，虽然不是什么大不了的事情，可是小舟的心情糟糕到了极点。接着小淘气吵闹着要吃东西，她的心情变得更加烦躁。原本一个轻松惬意的周末变成了难熬的一天。

事情还不止如此，晾衣服时，小舟才发现自己兜里的钱竟然忘记拿出来，都已经被浸湿了，中午怎么拿去买自己和小家伙的午饭？！她又后悔自己那时候到底在想什么，竟然忘记了洗衣服之前要掏一下兜。

就这样，她整天的心情都非常糟糕，焦灼地等着母亲回家。母亲一回到家，小舟把侄子塞到母亲怀里，二话不说打电话约了我见面，然后摔门而去，使得刚回家的母亲一头雾水。

一见到我，小舟便忍不住倒苦水，后悔没让母亲把小家伙带走。一切都是小家伙的错！我静静地看着她发牢骚，然后说道："亲爱的，小家伙只是个不懂事的小孩，他有什么错呢？开始他让你陪他玩，如果你想看书，你可以引导他，"姑姑给你讲故事听好不好啊"之类的，小孩子都要靠哄的。接下来的事情，都是难以避免的，怎知这一连串的事情都跟你的不开心撞到了一起呢？所以，你越后悔，越做不好事，就越不开心啊！这就是一个恶性循环。"这时的她才恍然大悟，自己一整天的不高兴不是孩子的问题，而是因为自己不断后悔自己所做的决定，一整天都心不在焉，才使得这一天过得越来越糟。

当我们眼界开阔了，能力提升了，
内心就会变得丰盈起来。

其实，在生活中，我们经常这样，一件小事就让自己耿耿于怀，悔恨不已，一连好长时间钻牛角尖，每天的所思所想就是：如果当初不那样就好了，并且把未来出现的所有问题都归结到自以为"错误"的选择上。其实，问题的根源原本在我们自己身上，我们为自己挖了一个陷阱，然后跳下去，甚至还不愿意走出来，整天带着悔意生活。一边后悔，一边生活，生活虽处处有阳光，但奈何照不进你的内心。一个永远都活在悔恨中的灵魂是无法感受到快乐的。

90后的小七姑娘，去年刚刚毕业就来到我们公司客服部工作。她长相温婉，既聪明又有灵气，很得上司赏识，所以，工作一年就被提拔为客服部主管。工作的主要内容就是培训售楼中心服务员的待客礼仪。因为我们工作上有接触，她对待工作严谨认真，给我留下了深刻的印象。我很高兴我们公司能招进来这么优秀的人才。

一天，我在茶水间遇到了小七，本以为她会像以前一样笑着跟我打招呼，结果她满脸忧郁地在角落里泡咖啡，竟然没有注意到有人走过来。我走了过去，看到她的眼角还挂着泪痕。我轻拍她的肩膀："怎么了？工作上遇到什么问题了吗？"

她说："关于工作的事情，最近想了很多，我有些后悔自己所选择的工作，想换到营销部去，所以内心很纠结。晚上睡不着，

如果觉得错了就转弯，换一种方式继续走；
如果觉得自己选择的路是对的，
就义无反顾地走下去，不管别人说什么。

白天没精神，只能一杯接一杯地喝咖啡来提神。"我想开导一下她："关于工作，最重要的就是要找准自己的定位。"她仍然愁眉不展："我要是一开始就做营销策划就好了，您说我可以做营销策划吗？我感觉做策划比较好，技术含量高，发展前景广阔。"我看着她天真的大眼睛，笑着说："每个职业都有自己的特点，客服部考验的是一个人的细心严谨、处理和协调关系的能力；营销策划考验的是综合能力。对一个公司来说，都很重要。不过，你还年轻，还这么聪明，当然可以多一些尝试。"

看她仍然犹豫不决，我安排人事部门与她讲了策划营销工作的基础内容。听完之后，小七面露难色："我感觉好难啊，我什么都不会，真的能做好吗？"她似乎很纠结。

不过，在我看来，纠结解决不了任何问题，对当下公司的工作进行也没有好处。经常后悔当下、纠结未来的人不会有一个广阔的未来。杨绛先生曾说过："你痛苦的问题主要在于你读书不多而想得太多。"纠结的时候，读本书，写写自己的心事，梳理一下自己的思绪，听听音乐，看看电影，来一场旅行或学习一项新技能，不断丰富自己，让思维沿着不同方向向前拓展。当我们眼界开阔了，能力提升了，内心就会变得丰盈起来。当我们自信满满时，也就不会后悔当下，更不会纠结于未来。

著名作家林清玄在《前世与今生》中写道：昨天的我是今天的

我的前世，明天的我就是今天的我的来生。我们的前世已经来不及参加了，让它去吧！我们希望有什么样的来生，就把握今天吧！

我们时常后悔，后悔自己做过的事、说过的话。为什么要后悔呢？要知道，后悔只会让你损失更大。

永远都不要为自己选择的道路而后悔，不管是从前还是现在，或者是未来。如果觉得错了就转弯，换一种方式继续走；如果觉得自己选择的路是对的，就义无反顾地走下去，不管别人说什么。

人生是一个大议题，需要走好每一步，最怕你一边后悔，一边生活，活得不快乐，亦没有成就感。单单为了一个选择后悔，毁了你生活中许多美好的事物，也带走了你的快乐，多么得不偿失啊！

## 想得太多或太少，
## 都会让自己难过

请让过去的过去，等待未来的到来，
从容、坦然地一步步往前走。

每天，我们脑海中都会有大大小小无数个想法。早上，听到一首旋律很好听的歌，想着自己能亲手弹奏该多好，我应该去学一学尤克里里或者吉他；上午，工作中遇到难题，想上周看到的一本书可能会对我的工作有帮助，我应该去读一下；下午，部门开会想到项目中可以加进一个亮点，应该记下来，与同事讨论；晚上，上网看到别人减肥成功的励志故事，想着我要去办张健身卡……

有人认为，当我们有想法时，就应该马上行动，不需要想太

多，否则就会陷入想象的旋涡中不能自拔。也有人认为，虽然我们每天都有新的想法，但不是每个想法都经过深思熟虑和衡量评估。没有经过深思熟虑的想法，充其量只能叫冲动；一有想法就付诸行动，最后的结果只能是一事无成。

　　本来，世间就没有绝对的真理。想得太多，左思右想，心累；想得太少，庸庸碌碌，也累。不管走向哪个极端，结局都是难过到欲哭无泪。

　　姨妈家读研究生的表妹眼看就要毕业了，她的父母希望她能回老家，安心地考个公务员。可是，我表妹很想毕业之后开个咖啡馆。当她说出自己的想法时，姨妈姨父都不敢相信自己的女儿会有这种想法。对于一个非常传统的家庭来说，创业开咖啡馆这种想法简直疯狂。整个家族中都是安安分分的上班族、公务员，虽然没有什么大的成就，但生活也算是安稳优渥，人生的一切都在掌控之中。而今，表妹一个姑娘家刚一毕业，竟然想要创业，在他们家人眼里简直太疯狂了。

姨妈认为自己的女儿一时被开咖啡馆的念头蒙蔽了双眼，把劝导她的重任交给了我。表妹叹息着跟我说，她不想一辈子都是一个打工妹，干什么都得听别人指挥。她上学的时候就热爱咖啡，她想从事她喜爱的工作——开一间咖啡馆，然后读书、写字、养花，认识很多精神上志同道合的朋友，这是她梦想中的生活。她很向往这种生活，但同时也听进去了父母的话，害怕自己做出错误的选择。为此，她很迷茫，很痛苦。每天，她总是反复思考两个问题：如果按照自己的意愿，得不到父母的理解和支持也就罢了，时间长了他们也许会接受，但是她没信心自己能成功，毕竟毕业后就开咖啡馆在别人来看不太现实；如果顺着父母的意思，毕业之后，乖乖回家当个公务员，这又不是她梦想的生活。

面对现实和梦想的抉择时，很多人总会陷入这种两难的境地无法自拔，然后越想越觉得不管自己怎么做都是错的，怎么都找不到自己要走的那条正确的道路，哪一条路也不敢走。

我对她说："你还年轻，有试错的机会。如果不甘心去过庸庸碌碌的公务员生活，决定选择走自己的路，那就好好分析利弊，慢慢学习如何经营。毕竟，生活除了诗和远方，还有眼前的苟且。"

于是，表妹静下心来做了思考，把实现大目标要做到的事情一条一条列出来，分析自己需要做哪些准备，已经具备哪些优势，还欠缺什么。其实，做出计划不难，关键还在于如何实施才能把它们变成实实在在的成果，一点一点接近梦想。很多时候，我们往往不缺梦想、不缺计划，只是自己想得太多；想得越多，行动的热度越低，最终延误了行动的最佳时机。

后来，她利用一切空闲的时间勤工俭学，因为开咖啡馆的第一笔资金她想尽可能自己凑齐。她还去经营很好的独立咖啡馆实习打工，为自己当老板积累经验。表妹跟我一样爱读书、写文章，在咖啡馆实习打工期间，她遇到很多有趣的人和事，她把它们都一一记录了下来，并且开办了自己的主播平台，和更多的人分享。因为表妹文字功底好，又取材独特，平台的粉丝也越来越多。前期准备都做好了，表妹的咖啡馆终于顺利开张营业。因为主播平台已经做好了前期铺垫，所以，很多人慕名而来，咖啡馆的生意竟然要比其他家好。

表妹告诉我说：当她行动起来后才发现，之前反反复复思考的那些问题、那些迷茫便不知不觉消失了。虽然前路未知，但她坚信自己能走出一条康庄大道。

其实，在通往未来的路上，并非想得越多就代表你能未雨绸缪；
也并非想得越多，你才能拥有美好的未来。

其实，在通往未来的路上，并非想得越多就代表你能未雨绸缪；也并非想得越多，你才能拥有美好的未来。如果一个想法已经在你的脑海中盘旋许久，你一直放不下，却又不敢轻易尝试，想太多反而让你踟蹰不前。如果你已经有了一个既定的目标，最重要的是把握当下，把握现在。很多事情，只有做过之后才知道结果。其实，很多时候只要我们把目标制订得切实可行，尽可能把大目标分成短期可实现的若干个小目标，加之努力和坚持，目标一定会实现。

可是，世界就是这般的矛盾，如果想得太多，会让自己没有办法下手，就如同烤骆驼一般，骆驼体格那么庞大，大到不知道该如何下嘴去吃。但如果想得太少，不管三七二十一，拿到就马上下嘴，也会产生问题。

我有一个好朋友叫柳艳，在大家眼里，她性格风风火火，喜欢穿颜色艳丽饱满的衣服，尤其大红色，每次走过真像飘过一团火焰。我们大家常开玩笑说，名字干脆改成"柳焰"得了。

柳艳是一个天生的行动派，每次她说想做什么事的话，就会立马去做各种准备，结局虽多以她哭诉"世事多艰，人心叵测"结尾。可是下一次，她又会像是翻篇了一样，重新投入下一个她所谓的"伟大事业"。很多时候，我们都会赞叹：柳艳简直把自己的人生活成了一部电视剧，观众永远猜不到剧情的走向。我们都知道她容易冲动，所以，每次都会在她做决定之前，耐心地劝导她：你好好考虑过了吗？有没有请教过前辈？这个领域你知道多少？等等。可是，每次她都有自信，一甩她的栗色长发，兴奋地对我们说："别人做就挺好，我为什么不行？放心啦，肯定会赚钱的，到时候请你们吃大餐！"大多数的结局都是，她又向我们哭诉"世事多艰，人心叵测"了。

遇事想得太多，庸人自扰，纵然会让我们做事畏首畏尾，最终贻误时机；然而，凡事欠缺考虑，想得太少，光凭冲动做事情，也会让我们一事无成。

我们一生中有很多事情要做，明确自己的人生目标或者要完成的使命，你就不会再犹豫，不会再荒废时光，也不会再做一些徒劳的事情。请让过去的过去，等待未来的到来，从容、坦然地一步步往前走。该做决断时想得太多，需要深思熟虑、评估衡量的时候想得太少，都会阻碍你前进的步伐。

在你想要做成一件事情之前，不妨先正视自己的能力，客观评估任务的难度，再根据结果做整体规划。这绝不是多余的工夫，也绝不是浪费时间。唯有这样，你才能从容地开始，既不过分乐观，也不会找借口拖延。一步一步，你会发现，你曾经以为遥不可及的生活愿景，就在眼前了。

## 专注、信心、从容、优雅的成功

愿我们在成功的路上保持一份从容和优雅，
让成功也能散发出迷人的芬芳。

有人说成功源于专注、信心。其中，专注贵在专一，就是全心全意把一件事做到最好，不达目的誓不罢休；而自信，能带给人勇气，使人敢于挑战任何困难，从而走向成功。作为女性，在成功要素中，不仅需要专注和信心，更需要从容和优雅。人生因静而从容，因从容而优雅；当一切都淡然于心时，距离成功也就不会太遥远了。

约瑟夫·基尔施曾说："如果你醒着，你就应该清醒；如果你睡着，你就应该进入梦乡。如果你在做一件事，就不该再去想其他的事情。如果你的手在这里，你的思想也该在这里。如果你打算行动，那就不要迟疑。"

从这句话中，我们不难读出两个字，那就是"专注"。专注是一种完全与你所做的事情融为一体的状态。从容而坚定，不为过去发生的事情感到后悔，不为未来感到焦虑和恐惧。

我的朋友小薇在一家设计公司做行政，因为刚进公司的缘故，薪水不是很高，于是，在好友介绍下，她也加入了微商的大军。她向朋友取经，朋友告诉她想要赚钱的话，必须全面开花。于是，我的朋友圈每天都会被她所发布的商品信息刷屏，不过，在我看来，她所发布的商品虽然琳琅满目、品类繁多，但是，彼此之间毫无关联，也无瓜葛。前一分钟还是补血提气的新疆大红枣和宁夏枸杞，后一分钟就变成了欧美风格服饰；前一分钟还是韩国品牌化妆品，后一分钟又变成了实用的居家用品。我曾经有一种冲动，很想把她拉黑或屏蔽，但是碍于朋友关系，最后忍住了。

她足足刷了一个月，突然有一天风平浪静、销声匿迹了。我忍不住打电话询问，她很委屈地抱怨道："微商真是太难做了，我每天寻找货源，编辑图片，还要不时刷屏，恨不得一天二十四小时守着手机，怕万一有人询问下单；还要担心客户讨厌我，把我拉黑……"我好奇地问："那你这么辛苦，赚到钱了吗？"小薇

有些悻悻地说:"不仅没赚到钱,还搭进去不少。"她求救似地问我:"我该怎么办呢?看别人做得很成功,我却不行,是不是我花费的时间不够的缘故?可是,白天我还得上班呢,只能下班之后发。"我替她分析了一下,这件事情和花费时间多少并没有太大关系,却和专注程度有很大关系。这一个月里,她总共发布了120多种商品,涉及多个领域,包括女装、男装、化妆品、护肤品、食品、保健品、卫生用品等十余个。不仅有土特产品,还有海外代购;既有快销品,又有耐用品;既有地摊货,又有奢侈品。如果按照每天发布两种商品来计算的话,这一个半月要花多少时间去熟悉每件商品的功能、外观、优劣势呢?就算是杂货铺，也是分两元店、十元店的。

听了我一番话，她似乎明白了一些。她是个不服输的人，在哪里栽了跟头，就要在哪里爬起来。于是，她静下心来，专注分析了自己身边的环境，并了解了各种产品的销售情况。想到自己办公室里有很多女同事，女人爱美是天性，所以，都会对化妆品、漂亮衣服、包包等感兴趣。于是，她千挑万选了一些中档价格的化妆品、衣服、包包等，先用这些产品把自己包装了一番。果然，公司的女同事都好奇地问她用了什么口红，这是在哪里买的衣服，很多女同事还主动加了她的微信号，她的客源也越来越多，每月赚的钱都快赶上工资了。

同样是在卖东西，为什么差别会这么大？显然成功在于专注。

"欲多则心散，心散则志衰，志衰则思不达也。"当我们不能专注做一件事情时，干什么事情都会虎头蛇尾、半途而废。所以很多时候，专注是一种精神，是一种境界；当我们能够集中精力、全神贯注、专心致志做一件事情时，想不成功都难。

另外，一个人的信心在工作和生活中也极为重要。如果一个人对自己、对生活没有信心，他会不敢做任何自己真正想做的事情，不敢在别人面前发表自己的见解，终日活在怕被别人否定的惴惴不安中，不敢有任何梦想。慢慢地，他会拖延，不想做事情，想要逃避这个世界。然而，这个世界的生存法则是我们必须有足够的信心和能量去应对残酷的现实。信心让你面对大爆炸的信息能坚持自己的原则和立场，不随波逐流；信心让你屏蔽别人的闲言碎语，不为别人的恶意所中伤；信心让你有勇气选择自己的处世之道，不焦躁、不攀附、从容不迫地生活。

莉莉做了好几年人事工作，每次面试的时候，那些不自信或邋邋遢遢的面试人员，都会被她淘汰。她说，从一个人的面貌，就能看出他是否有责任心。如果他对自己都不尊重、不负责的话，我怎么相信他能做好其他事情？

不久前，莉莉带我到北京一条胡同某餐厅吃面。那家店开得很隐蔽，根本看不出是家饭馆的样子。门口扫得十分干净，大门两侧挂着两块木板，清楚地刻着店名。走进院子就闻到一股果香，院子里种着三棵石榴树，用石子铺成的小路也非常干净。

这家面店不大，大堂里摆了七八张方桌，还有几个雅间。有特色的是，这家面店的厨房是个高台，能清楚地看到厨房的一切。莉莉说，这家店的面味道一绝，更让她喜欢的是老板、老板娘的态度。

这是一家夫妻店，除了夫妻俩还雇了两个员工。我们坐在方桌边，不时能看到夫妻俩忙进忙出。他们说话客气，不仅对顾客态度好，对员工也是如此。妻子叫晓丽，莉莉觉得和她投缘，所以常常来这吃面。

晓丽今年36岁，她和丈夫结婚有十几个年头了，俩人一直

成功并不是一朝一夕的事,无论你在做什么,当你能够专注、从容地坚持时,你已经向成功迈出了一大步。

和和睦睦地过着日子。晓丽年轻的时候在面馆打工，她干活利落，做什么像什么；不管让她干什么，她都踏踏实实地做。人也收拾得干净利落，大方随和，店里很多回头客来了总想跟她唠几句。这样一个勤快又善解人意的姑娘，换作谁，谁不喜欢？当时她的丈夫就是面店的师傅，两个人日久生情，辞了职回家开了个夫妻店。

　　来这吃面的大多是街坊邻居，也有一些慕名而来的。这么多年，夫妻俩坚持用心做面，从面粉、食材到汤头烹制，都细细研究打磨。一碗面虽然朴素简单，但每一个来店里吃面的食客，身心总能被这一碗朴素的面治愈。最重要的是，夫妻俩待人接物的态度始终没变，每天大清早，丈夫就早早出门买菜，晓丽则负责打扫，院里院外都收拾得一尘不染。莉莉总是跟她说："多累啊，简单收拾收拾就行啦！"晓丽笑得很甜，说："马虎不得。这店面跟脸面一样，哪儿能不干净呀！"

　　专注地投入，用心做一碗温暖的汤面；有信心的支持，因为他们坚信只要努力和用心就能成功，哪怕是一碗微不足道的面。任周围的世界千变万化，有的店为追求高利润选用劣等面粉，有的为了节省人工成本用机器代替，但晓丽夫妇始终从容不迫地坚持自己的经营理念，用心做好面，温暖待客。慢慢地，他们的店，慕名而来的客人越来越多，生意越来越红火。

　　成功并不是一朝一夕的事，无论你在做什么，当你能够专注、从容地坚持时，你已经向成功迈出了一大步。

大多数成功人士，都做过各种各样的小事或从事过体力劳动。当他们做那些微不足道的小事时，也会把这件事做好。他们做事专注有耐心，对自己有足够的信心，能够一步一个脚印地去完成该做的事，成功只是情理之中的事情。然而，有太多的人，总以为成功是可以一步登天的事情，总是做着一夜暴富的白日梦，急功近利，为了眼前的利益无所不用其极。他们自以为走上了通往成功的捷径，其实那"成功"只不过是哗众取宠，海市蜃楼。

你若盛开，清风自来；心若浮沉，浅笑安然。想要从容不迫、优雅地走向成功，你要不炫耀，对人处事不卑不亢，不以金钱和物质作为评价的准绳，不故作惊人之举，知道自己的缺点和接受自己的缺点，做最真实的自己。愿我们在成功的路上保持一份从容和优雅，让成功也能散发出迷人的芬芳。

## 不要总盯着自己缺点看：
## 烦恼都是自找的

---

敢于直面自己的缺点，
去接受，去改正，你才能真正强大。

这个世界上没有百分之百完美的人，即使在大家眼里很完美的人，背后也有别人看不见的伤痕。每个人都有大大小小的缺点，别人知道的和不为人知的。我们常常无法面对自己的缺点，为了掩盖自己的缺点，我们想尽办法，费尽力气。即使掩盖过去了，在无人面对的深夜，还是会一个人为自己的缺点黯然神伤。殊不知，每个缺点的背后都有生命送给我们的礼物；如果你总盯着自己的缺点看，那只是徒增烦恼而已。

有一个女孩，从小就长得胖胖的。小时候，因为长得胖，同学都不跟她玩。长大后的大部分时间里，每当看到他人投向自己的眼光，她都会低下头，内心充满了自卑感。

有一次，一张她18岁时候的照片从书中掉出来被人捡起，那人开玩笑说，18岁的你看起来像30多岁的样子。说话的人心直口快，并无恶意，但是对她的打击却是巨大的，她自卑到了极点。以至于每当听到同学们窃窃私语时，她都以为同学们是在嘲笑自己胖，说她肥胖的样子真难看。她不敢穿裙子，更不敢上体育课。

大学毕业时，她差点不能顺利毕业，并非成绩太差，而是因为不敢参加长跑测试。对于她的沉默，体育老师显得有些无奈，不得不告诉她："只要你去跑，无论成绩如何，都算你及格。"她脸憋得通红，想向老师解释，并非她成心抗拒，而是因为内心恐惧；她害怕跑步时自己一身的肥肉飞甩起来，害怕看到同学们嘲弄的眼光。可是，她连解释的勇气都没有，只是倔强地跟在体育老师身后。最后体育老师也被她弄烦了，只能勉强算她及格。

她深知自己的外在条件没有任何优势，与其自暴自弃，不如发挥出自己的实力给同学、老师看看。所以，后来的她把自己的全部精力都放在了学业上，她博览群书，提升自己的内在修养，对事情有了自己的观点和看法。渐渐地她发现，自己的身边其实聚集着很多人，她们成绩优异，很有才华；而且也欣赏她的才

相信每个人降生到这个世界上，都自带生命的锦囊，只要你善用你已经拥有的，就能活出完整的生命。

华；慢慢地，接触得多了，她也有了好朋友。她的朋友都说，之所以喜欢她，不是因为外表的吸引，而是感受到她内在心灵的力量，感受到她生机勃勃的生命力。终于有一天，她凭借自己的才华成了中央电视台的主持人，她主持的节目深受观众喜欢，她也成了一位著名主持人。相信你对她一定不会陌生，她就是张越。

每个人都有自己的缺点或软肋，正是那些缺点，才有了一个完整而真实的你。只有接受自己的缺点，真心拥抱不完美的自己，你的内心才能变得非常强大。相信每个人降生到这个世界上，都自带生命的锦囊，只要你善用你已经拥有的，就能活出完整的生命。

A姑娘从小多才多艺，但就在收到大学录取通知书那年，她却因意外失去了双腿，从此只能在轮椅上度日。失去双腿以后，她几次想过轻生，要强的她害怕外界的议论，害怕别人怜悯的眼神，更不愿接受自己已经失去双腿的事实。

那段时间是A姑娘最难过的时候，她每天把自己关在家里，拒绝外出，拒绝朋友的看望，把自己以前的照片全都烧了。家里人说话中带有"跑""跳"一类的词，都会令她默默流泪……有一天，她还是在手机里看到自己以前的照片，以前的自己或跑或跳，脸上的笑容是那样灿烂。她突然想道：自己虽然失去了双腿，但不能把以前那个乐观、有梦想的自己也失去了。这一天，

A姑娘做出一个决定,她决定要安装假肢,从家里走出去,迎接新的人生。

起初,A姑娘走得很笨拙,走一步就会跌一跤,胳膊都摔破了皮。但几个月以后,A姑娘已经能正常地行走了,尽管她走得有些摇晃。每当A姑娘走在路上,就会引人侧目;每当有人疑惑地看着她时,她就回报给对方一个灿烂的微笑。她说,她不认为失去双腿的她和别人有什么不同。在A姑娘顽强的努力下,她的精神一天比一天好,后来她还在一家服装店当上了销售员,她说,只要内心够强大,她过的生活就和正常人没什么两样。

A姑娘重新燃起的自信来自于她对生活的态度,她曾经想过放弃自己,但当她接受了自己的残缺的时候,她也看到了希望。为什么不能通过别的方法,再让自己站起来呢?为什么不用自己的行动,反击别人的闲言碎语呢?其实,只有让自己的意志坚定,才能获得更大的力量。只要自己勇敢,坚持努力,所有失去的都会以另一种形式回到你身边。

我们的烦恼、不快乐常常是我们自找的,源于我们对自己的否定,甚至"讨厌"。不要再为了获得他人或社会的认可而努力表现得完美,隐藏压抑自己的缺点。

其实,任何人都有缺点,请你试着接纳自己的缺点,原谅自己,找到内心的宁静平和。敢于直面自己的缺点,去接受,去改正,你才能真的强大。

只要自己勇敢，坚持努力，
所有失去的都会以另一种形式回到你身边。

# 有些人把梦想变成现实，
# 有些人把现实变成梦想

只要坚持一下，走过那段孤独黑暗的路，
路的尽头一定是暖阳高照。

一个记者曾采访过一位老人，问他长寿的原因。老人的回答很简单，他说每天早上坚持跑步五公里。记者又问，很多人也天天早上能跑五公里，为什么他没有长寿呢？老人说，因为坚持得不够久。

众所周知，村上春树不仅是一个成功的小说家，也是一个痴迷跑步的马拉松健将。跑步的初衷是为了戒烟、减肥。一开始，他跑上20分钟就会喘不上气，心脏咚咚地猛跳不止，两腿也开始发抖。甚至只要有人看他跑步，他都会觉得不自在。但是，当他把跑步当成像刷牙一样的必做之事每天坚持，他的进步飞快，后来竟然跑完了全程马拉松。村上春树说："跑着，跑着，就明白了坚持的可贵。"

生活中，大多数人都缺乏这样的信念，本来说要坚持到底的梦想，遇到与现实碰撞的残酷时，就会选择半途而废，然后曾经的梦想只能变成够不着、摸不到的空想。但是，总有一些人，不惧怕现实与失败，始终把下一次当作成功的机会，直到把梦想变成现实。

老家邻居家的孩子小鹿有着异于常人的画画天赋，常照着漫画书画各种人物，还自创过一本漫画。那本漫画还在校园里被同学们传看过，大家都很喜欢她的画，都对她说，以你的才能，不去学画画真是太可惜了。小鹿家境不好，父母为了她能考个好大学，省吃俭用给她报了美术班，可是高考后，小鹿还是与理想中的大学失之交臂。父母对小鹿的责备让她的压力更大，每天苦读到深夜，希望能在文化课上有所补救。可是小鹿仍然没能考上本科。她父母打算跟亲戚朋友借点钱，再供她复读一年，一定让她上个好大学。可是小鹿受不了过大的压力，说什么也不肯复读，只好念了大专。

大学梦的破灭让小鹿对画画心灰意冷，她报了所谓的热门专业，但是她不喜欢自己选择的专业，自然提不起什么兴趣，只好浑浑噩噩地完成了学业。找工作的时候，小鹿说大学念自己不喜欢的专业念够了，找工作可不想再做自己不喜欢的事情。于是，她投简历时，只在乎喜不喜欢，也不管工作适不适合自己。一晃，大学毕业三年过去了，小鹿做过很多工作，但都是才刚入门就跳槽了。如此一来，小鹿既没有工作经验，也没有专业技术，所以，她的工作之路异常坎坷。她父母多次劝她，找份喜欢的工作，别再半途而废了。可是，小鹿还是对工作挑三拣四，始终没能找到一份稳定的工作。当初喜欢画画的热情也一去不返。

每每想到小鹿的事，我就觉得很惋惜。一位哲人告诉我们：如果做事不能脚踏实地完成，即便你怀揣梦想也无济于事。是啊，有些人的梦想，可能一辈子都无法实现，但他们愿意为自己的梦想，奋斗一辈子。

很多时候，我们都会鼓励自己，决不能轻言放弃。相信自己可以凭着信念、毅力，坚持去做某件事情。但是，所有的苦尽甘来都是一个持久战，不是单凭意志力就能坚持下来的。

所以，我们需要努力培养好习惯，用习惯延续行动，将行动变成像每天坚持刷牙一样的习惯坚持下来。

"能在地铁边有一套小房子，有一个爱我的人，有一份稳定的工作，想吃火锅可以放开肚子吃火锅，想买买买的时候也能买得起好看的衣服。"这是六年前一个住在300块钱出租房里

如果做事不能脚踏实地完成，即便你怀揣梦想也无济于事。

的女孩阿霞的梦想。六年之后,在上海这座大城市,阿霞实现了她的愿望。

刚来上海的时候,阿霞花光所有积蓄买了一台电脑,学会了如何上网。之后,她有了属于自己的淘宝店铺,专卖女生小饰品,这就是她所有的经济来源。

阿霞的家乡非常穷,女孩都很早就不上学了,早早结婚生子。但阿霞不想这样,她想看看外面的世界,于是怀揣着全部积蓄来到了上海。与她同屋的室友有同济大学的学生,她央求室友带她到同济大学旁听老师讲课。回去之后,她给其他室友讲自己的见闻和学到的东西;遇到不知道的,就直接大方向她们请教。阿霞虚心好学,就像一块海绵一样,拼命吸收各方面的营养,自己赚来的钱也都买了书。阿霞乐观勤奋,知道自己读书少,看到了自己和别人的差距,于是马不停蹄地追赶。她懂得感恩,别人对她一分好,她会对别人十分好。就这样,阿霞白天经营淘宝店,晚上学习。在她的勤奋努力下,淘宝店的生意越做越好,她读的书也越来越多。最终,她实现了自己当初的梦想,在地铁边买了一套小房子,也有了一份稳定的工作,还有了一个爱她的男朋友。

你的坚持,终将美好。请相信坚持的力量,它可以把你的梦想变成现实,让你对人生更有掌控力,让你的生活更有趣、更自由。

但是，很多人往往只看到眼前的安逸生活，想要安稳度日，结果停步不前。他们似乎从来没有想过，翻过这座山头，前面将是一片锦绣河山，梦想也将成为现实。只要坚持一下，走过那段孤独黑暗的路，路的尽头一定是暖阳高照。

## 谁没遇到过挫折
### ——欲带王冠，必承其重

没有谁可以轻松摘取夜空中那颗最亮的星；
要想摘到它，你需要爬得很高很高。
这条攀登之路充满了黑暗、孤独和诱惑，
只有你坚持走过去，你才能踮一踮脚够到那颗星星。

没有人的一生会是顺畅无阻的，人生之路，漫长且阻，前方既有星辰大海，也有荆棘满地。要到达属于自己的王者之地，唯有忍痛从荆棘上跨过。正像广东人的那句俗语——挨打要立正，有错就要认。能不能扛得住，注定你成为什么样的人。

杨桃和大多数女孩一样，是父母的心肝宝贝、掌上明珠，父母恨不得把全天下最好的东西都送给她。她小时候，家里经济条件十分优渥，她就像一个小公主一样，住在漂亮的别墅里，穿着漂亮的 Prada 蓬蓬裙，吃的、用的也都是最好的。然而，天有不测风云，公主也有落难的时候。

16 岁那年，杨桃经历了人生中最大一次打击。父亲的公司因为偷税倒闭了，父亲被判了七年刑。后来，母亲和父亲离了婚，不久后就嫁给了别人。新的家庭让母亲获得了解脱，却给杨桃带来了巨大的压力，那时的她好希望自己好好学习，快点长大，早点独立，不用再回那个不属于自己的家。

后来，杨桃如愿考上了一所好大学。从那以后，杨桃几乎就没有回过家，也从来不主动跟母亲要钱。她是宿舍里唯一一个恨不得把一分钟掰成两半过的姑娘。那时候，杨桃不爱说话，只要有空就四处打工挣钱。她给食堂的阿姨帮过忙，到图书室做过记录员，就连小卖部送水的活计她都肯干。她说，只要能挣钱她什么苦都能吃。

毕业以后，杨桃四处投简历；她梳着高马尾，轻盈敏捷地穿梭在招聘市场。不久，她获得了一份不错的工作，给项目主管做助理。上班那天，杨桃好好打扮了一番；为了给主管留下好印象，还特意买了奢侈品牌的香水作为礼物。然而，让杨桃大跌眼镜的是，主管对她行为感到十分不满，不仅把礼物扔到了垃圾桶，还给她打上了曲意逢迎的标签。

接下来的一个月，杨桃每天都在做着买咖啡、叫外卖、帮别

人打印资料的工作。这对杨桃来说无疑是一个天大的挑战,她要怎么做才能让主管重视她呢?如果做不出成绩,不久后她就会被辞退了。

杨桃每天除了处理主管吩咐的琐事外,还不断收集公司项目的资料,下班以后还主动完成策划方案。不久后,杨桃果然受到了主管的重视,参与到了运行的项目里。

有一天,同事临时有事,把审核的文件交给杨桃,请她帮忙完成。杨桃虽不情愿，但又不好拒绝，加了两个小时的班才把文件做完。

第二天一早，主管大发雷霆，原来是杨桃做的文件出了问题。虽然问题出在同事身上，可最后的检查工作是杨桃做的。主管根本不听她的解释，气呼呼地把文件一甩，没想到文件夹正打杨桃的额头上。

杨桃心里万分委屈，她想找同事理论，想问问她为什么不把事情的经过解释清楚。可转念一想，即便她找她撕破了脸，挨骂的是自己，挨打的也是自己，何不卖她一个顺水人情？虽然这样想，可心里还是非常委屈，眼泪止不住地在眼眶里打转。

发生这件事以后，杨桃对工作更加认真，经她手的文件没有再出现过一次纰漏。渐渐地，主管也对这个拼命努力的姑娘转变了看法。后来，主管被调到了总部，杨桃理所应当地接替了她的位置。

几年后，杨桃的父亲出狱。这些年她攒了不少钱，父女俩又跟亲戚朋友借了一笔钱，看准时机在市中心买了一套房子。果然如两人所想，没过几年房价"噌噌噌"地涨，杨桃转手把房子卖了，于是大赚一笔。后来杨桃辞去了工作，和父亲包了几亩水田养蟹，终于东山再起。

落难公主终于冲破重重难关，重新摘取了自己的皇冠。杨桃

唯有经过九九八十一难才能取得真经，
唯有经过风吹雨打，灵魂的花朵才会愈加芬芳。

说："如果当初她和父亲一蹶不振，别说后来的成功，在那样的压力下，能够好好活下来，可能都成问题。好在父亲和自己都有坚定的信念，这才能渡过难关，重整旗鼓。"

泰戈尔说："上天完全是为了坚强我们的意志，才在我们的道路上设下重重的障碍。"每个人都会遇到或大或小的挫折，只有经过挫折的洗礼，你才能踏上成功的阳光大道。

如果将人生比作一把披荆斩棘的钢刀，那么，挫折就是一块不可或缺的顽石。为了让生命之刀变得更加锋利，我们更应该勇敢地面对人生道路中的挫折和磨砺。

高中时期，我的同桌是大家公认的天才，学校曾特批她一段时间内不用上课，她可以去山里看猴子（做田野调查）。调查归来之后，她把看猴子的过程写成了一个报告，获得了一项国际级奖项。后来，她也因此被保送名牌大学，念的就是生物学相关专业。

大家本以为她会成为生物学领域的翘楚，没想到，她大二时转到了法学系学习法律。毕业之后，又进入银行做起了金融。

有一天，我看到杂志上一篇名为《少年时的天才如今在做什么》的文章，文章最后，颇带有扼腕叹息的味道：小时候多有天赋啊，可是现在呢？我猜，说这句话的编辑多少抱了点

"伤仲永"的态度，字里行间透出的尽是无限"泯然众人矣"的遗憾。

我把这篇文章转给了同桌，问她是如何看待自己过去与现在的转变的。她轻描淡写地说：怎么看待的问题问得很奇怪，过去和现在，我一直都是顺着自己的心意。"天才"也有喜欢和不喜欢，擅长和不擅长。大二时，感觉自己更喜欢法律，于是就去读了法学专业。毕业之后，感觉自己或许更适合做金融，于是就转行做金融了，就是这么简单。

虽然她轻描淡写地一句话带过，但是其中的转变过程一定复杂得多。后来，我从其他同学那里得知，高中的生物学知识十分简单易懂，她基本过目不忘。但是进入大学学习生物学相关专业之后，同桌发现课本里面的知识深奥了许多；虽然她的智商较高，但是深奥的知识和复杂的专业概念还是让她有些不适应。大一的时候，就每周3—4次实验课的节奏，而且实验还不一定能一次成功；如果失败或者数据不理想，都会推倒重做。她非常不喜欢重复地做实验，所以，很快就学不下去了。

于是，她转入法学系学习法律。还算顺风顺水，法学系毕业后，同桌进入了一家有名的律师事务所工作。但是，她又不喜欢律所里纷繁复杂的人际关系，她接手的案件或者是离婚案，或者是养老案，远非她所想象的大公司的经济案件。而且，作为新人的她因为不善交际，经常被一些老人排挤，最终，她还是做不下去了,甚至对律师行业也失去了信心。后来,她才转做金融行业。

屠呦呦的诺贝尔奖之路不是常人能走下来的,但是她熬过了所有的黑暗和贫瘠,坚持真理,用四年的时间发现并提取了青蒿素,再用40多年的时间获得了诺贝尔奖。屠呦呦的坚持与努力绝对是诺贝尔奖的重量相符的。没有谁可以轻松摘取夜空中那颗最亮的星;要想摘到它,你需要爬得很高很高。这条攀登之路充满了黑暗、孤独和诱惑,只有你坚持走过去,你才能踮一踮脚够到那颗星星。

"欲戴王冠,必承其重;欲握玫瑰,必承其痛。"

每个人都有弯路要走,每个人都有迷茫的时候,你只需一步一步、踏踏实实地走好脚下的路,把每一次挫折、磨难当成一次考验。唯有经过九九八十一难才能取得真经,唯有经过风吹雨打,灵魂的花朵才会愈加芬芳。

每个人都会遇到或大或小的挫折，只有经过挫折的洗礼，你才能踏上成功的阳光大道。

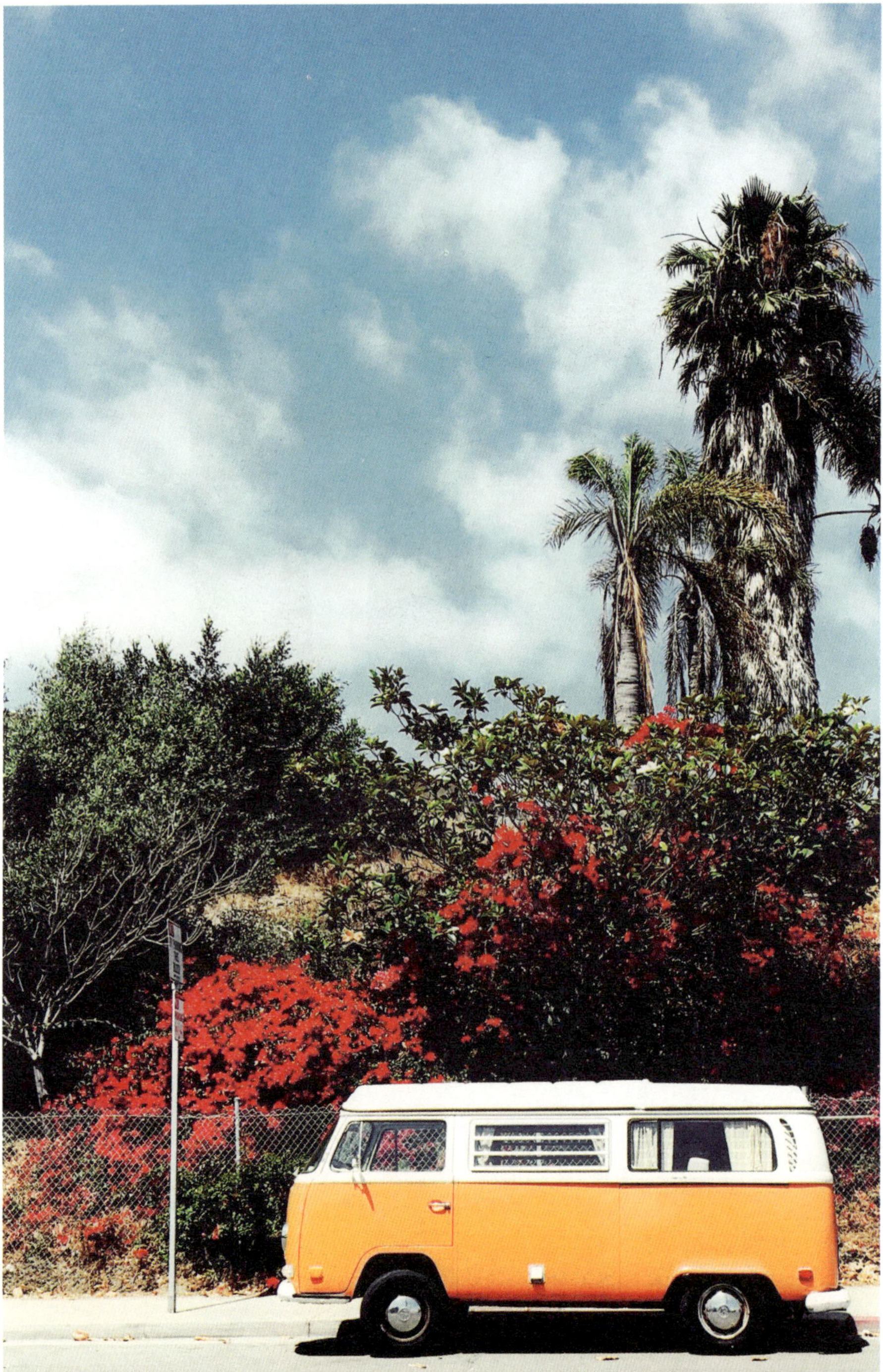

## CHAPTER 03

# 从容地成长：
## 成熟是与不完美的
## 自己和解

———————

人生就像大海，不遇到暗礁，怎能激起美丽的海浪？只要你接受真实的自我，愿意放下思想的包袱、不断学习，我们才有机会发挥我们的潜能，重新飞翔。

# 为自己确定一个精进的目标
## ——从容向前

不管你身处何方,目标都是你生活中
那颗耀耀生辉的指引星,
带你穿过迷茫的树丛、寂寥的荒路,
最终到达你想要去的地方。

　　女人最幸福的一生是人生层次不断上升的一生。不管是二十岁,还是四十岁,对我们来说都是当下最好的年华。我们应该清晰地知道自己的人生,知道自己想要追求什么样的生活,这样才能投入与梦想相符的努力,幸福自会翩然而至。

　　直男癌们的思维是:女人的天职是照顾好一家老小,还要什么梦想、努力、拼搏?但是,正因为我们是女人,我们才更要为自己的未来好好规划,确定一个精进的目标,然后从容坚定地向前。因为每个人都是一个独立的个体,这个世界很公平,它不会因为你是女孩子就怜香惜玉,更不会网开一面;依赖别人得来的幸福不会长久,给不了你所谓的一世安稳。

  燕子是我大学时的同学,既聪明又美丽,性格果断利落,而且目标明确,做事情从来都不拖泥带水。

  大一时,其他人都在为进入自由舒适的大学而高兴得找不到北的时候,她就说自己要过英语四级。原本英语四级要到大二才考,大一不过是个过渡期,但她决定独闯难关。那时候,很多人都说她大言不惭,等着看她自己打脸。结果,燕子在入校两个月后,就开始到处借阅参考资料,并且给自己制订了详细的计划执行表。当其他同学还处于适应新环境的阶段时,她就已经按照自己的计划开始一步步复习了。最终,轻松通过了英语四级考试,成了我们系第一个大一就通过英语四级考试的学生。

  大二时,燕子说要考取驾照,很多人冷嘲热讽地说:"买得起车吗?还学开车,考了驾驶证又没车开,拿着当个摆设有什么用?"就这样,当其他同学还过着"十七岁的单车和我"的生活的时候,她已经开始了每周一次的练车实践。大约半年后,她向我们亮出了闪瞎人眼的驾照。当初冷嘲热讽的那些同学,都闭嘴了。

  大三时,燕子说她要争取留校资格。大家都知道,她做事一向目标明确、雷厉风行,这次也没人多说什么了,不过还是有很

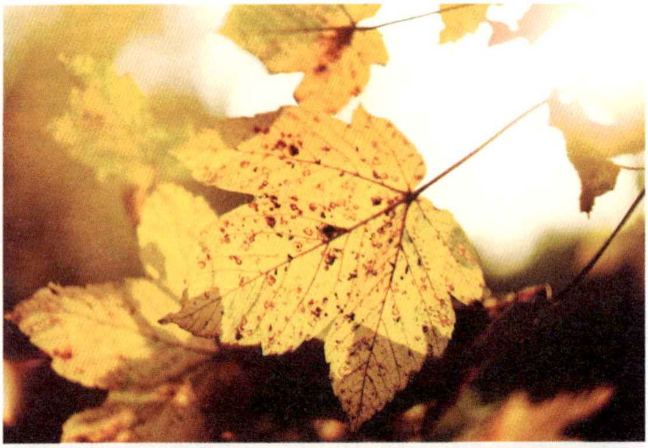

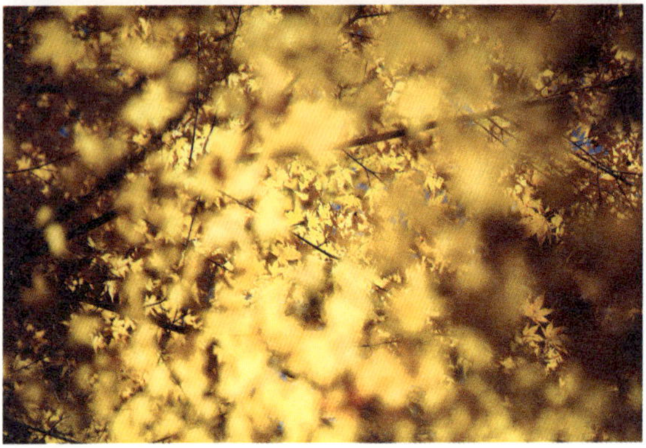

多人抱着看好戏的心态。大三一开始，燕子就联系了校外实习，做了一家私教机构的代班辅导员。她十分努力，珍惜时间，功课、实习两不误，不仅拿了全额奖学金，还获得了实习机构领导的一致好评。毕业之际来临的时候，很多同学都像无头苍蝇，拿着内容贫瘠的简历涌向就业市场，随波逐流地找了份"还行"的工作。唯有燕子，不仅取得了留校资格，还因为她有一定的代班辅导员经验，在大学辅导员的位置上也干得风生水起。后来，她被一位与她同时留校的师兄追求，之后步入婚姻殿堂，完成了自己又一个角色的转变。

　　大学辅导员的工作非常烦琐，但燕子也在努力平衡工作与家庭之间的关系。三年后，燕子想要更好地照顾家庭，于是决定考公务员。因为她一向执行力非凡，所以家里人一致支持她的选择。于是，燕子又开始了全力以赴的学习，最终成功得到了当地教育局的工作。在全新的工作岗位上，她凭借多年积累的经验和个人能力，很快崭露头角；而朝九晚五的工作，也使得她有足够的时间相夫教子、料理家务、辅导孩子学习。

　　多年来，燕子一直生活得有滋有味、从容而坚定。很多同学都羡慕她有想法，知道自己想要的生活，能准确定位目标，少走了很多弯路。因为有太多的人，庸庸碌碌，没有及时做一个适合自己的目标规划，结果，就像一艘没有帆的船，随波逐流，始终没有把选择生活的主动权掌握在自己手里。

在寻找人生答案的过程中，
目标就像夜空中灿灿发光的北斗星，给你旅程的方向。

我们在不同的年纪，不同的处境下，也会有不一样的目标。我六岁的小侄女给自己绘制了一张"目标表"，她在纸上歪七扭八地写着"好好吃饭""不打翻杯子""妈妈要给我一颗糖"，等等。小孩子的目标或许是一颗糖果、一句鼓励，随着年龄的增长和生活的沉淀，我们的目标也会越来越确定，越来越接近我们真正想要的生活。

　　每个人对未来都怀有不一样的憧憬，每个人对未来也有很多憧憬，因为未来有各种可能性。具体来说，可能是希望自己拥有一栋舒适的大房子，可能是希望拥有一个和睦的家庭，也可能希望实现环游世界的梦想……这么多梦想，我们不可能每一个都能实现。我们更需要的是，冷静下来，给自己制订一个可以不断精进、接近或者实现梦想的计划。这样我们才能通过分阶段的努力，完成一个个小目标，最终接近大目标。

　　阿诺原本是一个不甘世俗的女孩。很小的时候，她就梦想成为一名作家。曾经，她十分欣赏网络上曾经一度流行的那句话：世界那么大，我想去看看。是啊，世界那么大、那么精彩，为什么我要甘于平淡？

　　曾经，她也为实现自己的梦想制订了一份详细的计划，但中途却因为家庭原因搁置了。一转眼五年时间过去，岁月从指尖划过，她还没有离开脚下的这片土地，原本的梦想始终悬挂在那里。现在的她对一成不变的生活很厌烦。

　　一年前，一位朋友邀请她去日本学习，那位朋友已经在日本生活了很多年，现在拥有固定的住所、稳定的工作，并表示如果她有需要可以帮忙。她左思右想，始终无法下定决心，现实的问题让她一再退缩：手里没有太多的积蓄，学习把钱花光了怎么办？回国之后，年龄大不好找工作怎么办……心绪烦乱，让她很是不安。最后，她决定放弃这次机会。

直到半年前，她看到辞职的同事拿到了美国一所大学的邀请函，她非常羡慕。她想，如果有半工半读的机会在国外生活，无疑是一种最好的选择。之前自己所担心的那些问题，其实都是自己不敢往前的借口。她重新拾起了自己的梦想。这次，阿诺是真的在认真努力。她参考了很多出国留学的信息，也买了很多相关资料，希望自己能拼一下。正当她信心满满准备奋斗时，身边的朋友，甚至是母亲也开始劝她："你已经是快 30 岁的人了，找个好男人谈婚论嫁才是正事。""你已经不是小姑娘了，还折腾个什么劲儿！"她心里又开始犹豫了。她自问：周围的朋友都开始谈婚论嫁，我这样做到底值不值得？我到底能不能成功？

看着镜子中惆怅的脸，她发现自己脸上竟然有了细纹，猛然意识到：自己的所思所想，不过是在蹉跎岁月；现在不去做，难道真让自己后悔到老吗？想到这里，她开始制订计划，重新确定了自己的大目标。根据大目标，阿诺又给自己设定了若干个有计划的小目标。

先办理签证，在等待签证下来的日子里，她把到日本后该如何学习、如何生活列了详细的计划清单，最后收拾行囊，把不绝于耳的阻碍之声抛到耳后，毅然踏上了飞往日本的飞机。到达日本下飞机的那一刻，她内心欢呼雀跃：日本，我终于来了！到了日本之后，面对人生地不熟的异国他乡，她先为自己找到了学习的学校，然后开始找工作，终于在一家餐厅找到了一份临时工作。

父母每隔几天就会打电话过来，母亲每次都说起让她回国的话题，她总是用说一些有趣的事情让父母相信她的选择。虽然学习、生活让她的日子过得很清苦，但她总是乐观地畅想着未来，在第二天太阳升起时又开始了她的学习和工作。第一个精进目标实现了，阿诺又在计划第二个精进目标了——接爸妈来一趟，带他们欣赏美景，让他们相信自己真的过得很好。

在人生的漫漫旅途中，你会看到不同的风景。即使在同一个地方，换一个角度看，你也会看到不一样的景致。乱花渐欲迷人眼，在寻找人生答案的过程中，目标就像夜空中灿灿发光的北斗星，给你旅程的方向。

不管你身处何方，目标都是你生活中那颗熠熠生辉的指引星，带你穿过迷茫的树丛、寂寥的荒路，最终到达你想要去的地方。

# 你打算如何老去，
# 如何优雅地过一生

一个女人总要走过人生一段很长的路才会懂得，
原来女人最持久的美不在于容貌，而在于她的举止和涵养。

张爱玲曾说过："八岁我要梳爱司头，十岁我要穿高跟鞋。头发稀黄平胸无臀的小女孩急切地盼望长大。那时她不知：岁月赠予的东西——窈窕的腰身、丰挺的双峰、乌润的头发——早晚有一天它会不动声色、一样样再收回去。"这世上，不是每一个女子，都拥有沉鱼落雁之貌；即使年轻时拥有沉鱼落雁之貌的女子，其容颜也会随着年龄的衰老而衰老。

一个女人总要走过人生一段很长的路才会懂得，原来女人最持久的美不在于容貌，而在于她的举止和涵养。要知道，庸俗抑或是高贵，浅薄抑或是深邃，从来不是看一个人的外表，而是看她的内心。在浮夸虚荣的世界里，做一个美丽的女人不难，做一个聪明的女人也不难，最为难得的是做一个优雅、从容的女人。一个从容而优雅的女人，好比一幅淡雅的画，安静中有灵气，淡泊中有雅兴；她的美不关乎美貌、家世，而是源自内心的那份自信与高尚。

钱钟书先生称自己的妻子杨绛为"最贤的妻，最有才的女"，因为她跟丈夫之间的关系，"结合了各不相容的三者：妻子、情人、朋友"。这应该是身为女人的最高境界了吧。杨绛先生还被周国平如此评价过："这位可敬可爱的老人，我分明看见她在细心地为她的灵魂清点行囊，为了让这颗灵魂带着全部宝贵的收获平静地上路。"

外界给予杨绛先生很多赞誉：坚韧、从容、睿智、宁静……杨绛先生虽出生于乱世，却始终保持着一颗与世无争的心。她明白，所有的称誉、赞美，不过浮华如花；只要自己的作品被人认可，足矣。

一个女人在一生中，最重要的就是找准自己的定位，然后全力以赴做好自己的事情。不贪恋，不攀附，在流逝的岁月中，在名利和道德前，在欲望和责任里，找到自己的灵魂该走的路。杨绛先生曾说过："我和谁都不争，和谁争我都不屑；我爱大自然，其次就是艺术；我双手烤着生命之火取暖，火萎了，我也准备走了。"她的才情和文学成就自然是举世公认，但她真正为人感叹的是，在她105年漫长的人生里，虽然历经艰难曲折，饱经岁月打磨，但始终未忘初心，始终保持着明媚从容、淡定优雅的姿态。

一个从容、优雅的女人，在岁月里长成一棵独立、茂盛的大树，在风里舒展，在雨里拔高，在阳光里丰盈。

2016年年初，凭借在《欢乐颂》里饰演的高知金融女安迪，刘涛简直称霸荧屏。每个人看到刘涛第一眼，似乎很难把这个倾国倾城、颠倒众生，甚至颇有点男人帅气的"女神涛"，和那个生儿育女、照顾丈夫的傲骨贤妻刘涛联系起来。而事实上，刘涛经历了常人没有走过的路，内心依然强大，强大到可以从容不迫地将家庭的担当和事业的发展天衣无缝地融合在自己一人身上。

丈夫王珂曾发布长微博感谢她，称她为"我的爱人、我的挚友、我的老师"。王珂这样说并不夸张。2008年，全球金融危机让王珂的生意受到重创，而好友反目、亲信背叛让他得了严重的焦虑症，只有依靠安眠药才能入睡；直到最后对药物产生了严重的依赖，并且产生副作用，整天不是摔东西就是骂人。但是刘涛没有放弃一无所有的丈夫，她选择用实际行动守住婚姻的底线，和落魄的老公共患难，捍卫了自己的婚姻和家庭。刘涛还拿出所有的积蓄帮助丈夫，为了减轻家庭负担，刘涛开始复出接戏。

多部优秀作品的出现，让她重回人们的视线，她以自己精湛

一个从容、优雅的女人,
在岁月里长成一棵独立、茂盛的大树,
在风里舒展,在雨里拔高,在阳光里丰盈。

的演技征服了观众，以自己独特的人格魅力赢得了所有人的尊重。即使，工作越发繁忙起来，刘涛也没有减弱她对家庭的关怀，一双儿女在她的教育下不仅乖巧可爱，而且懂事暖心。闲暇之余，刘涛会为孩子们亲自准备料理，接送孩子上下学，做一个称职的好母亲。在她的微博上经常可以看到她和孩子相处的点点滴滴。

在演艺圈中，刘涛是大家公认的双商都很高的演员，而且人缘也非常好。任世界千变万化，不管娱乐圈多么光鲜亮丽，自己遭遇什么样的挫折，刘涛都能保持不骄不躁、不卑不亢的从容姿态。

优雅、坦然、有尊严地活着，不为眼前的诱惑而放弃原则，不为生活的创伤而心灰意冷，这种自信和从容无关富与贫、美与丑。就像沙漠绿洲开出的一朵小花，它的绽放不是为了与群芳争艳，为了取悦别人，而是凭借自然的力量，在适当的时间，绽放自己的娇艳。

一个从容而优雅的女人，从来不会因为任何人才变得优雅，而是她知道，自己就是一朵花，唯有倾情盛开，才对得起自己的生命。

不管你身处何地，是人迹罕至的野谷，还是车水马龙的都市，你都要绽放自己的美丽和芳香。

不贪恋，不攀附，在流逝的岁月中，
在名利和道德前，在欲望和责任里，
找到自己的灵魂该走的路。

# 我不完美，
# 但是我有勇气面对它

---

如果你不能容忍自己最坏的一面，
那至少偶尔想想，你能做多么真实的自己？

 

荣格曾问，你究竟愿意做一个好人，还是一个完美的人？

很多人会不假思索地回答，做一个好人。但是，现实中，做一个最好的自己，仍是每一个人有意无意追求一生的事。但是，许多事情是不可能按想象中的去发展的，很多人为了追求"完美"的自己，穷极一生，却从未体会过真正的快乐。

但最重要的，是要对自己真心，认识并接受真正的自己，并加以善用。没有人天生完美，即使再标致的人，身上也会有瑕疵，接受自己的不完美，首先要接受自己的身体和面孔。对自己真心，真心爱自己，爱生活，内心充满阳光和生命活力，你就是一道亮丽的风景。

有一个平凡的姑娘，她叫王小仙，个子不高，虽然样貌不算出众，可她有一双明亮动人的大眼睛，睫毛长长的，从某种角度看也是个美人。可美中不足的是，她的左眼是单眼皮，右眼是双眼皮，两边眼睛不一样。她常常因为自己的容貌而感到自卑，尤其是自己的眼睛。因为从她上学开始，就有很多人问她："你的眼睛为什么一只好看，另一只不好看？"

长大后的王小仙越发注重自己的容貌。她常常对着镜子端详自己，经常想："我的眼睛要是都一样好看就好了。"她厌恶自己不好看的那只眼睛，更厌恶照镜子时的自己，她认为自己喜欢的那个男孩不喜欢她，就是因为自己的眼睛不好看，做梦都想着有什么办法能让自己的眼睛变得漂亮。

终于，她到一家整容医院做了割双眼皮手术。刚做完手术的那天，王小仙的眼睛肿得有鹌鹑蛋那么大，宽宽的双眼皮红肿得厉害，连见人的勇气都没有。那段时间，王小仙每天都戴着墨镜。一个月后，王小仙终于得偿所愿，两只眼睛看起来终于不奇怪了，而且双眼皮更宽、更好看了。

可是，当她仔细端详镜子中的自己时又看到自己的脸上其他的不足，想："我的鼻子不高，垫一下就好了；鼻头也有点大，应

该缩下鼻翼；下巴也不是很长，还可以垫个下巴……"她又不开心了，还是那么自卑，她给自己的五官都打上了标签——不完美。再出门，王小仙还是总觉得别人盯着自己的鼻梁、下巴看，她想别人一定背地里议论她："整了眼睛有什么用，还是那么难看，鼻梁还是那么塌，下巴还是那么难看……"

于是，王小仙再次去了整容医院，并让医生按照自己的意愿拼凑出一张新脸。整完之后，王小仙看到镜子里"新"的自己，整个人都吓了一跳。镜子里的姑娘虽然模样漂亮，却难以看出自己的模样。整容之后的王小仙终于感觉自己能够昂首挺胸地走在人群中了，终于在别人称呼她"美女"的时候大大方方回应了。殊不知，她的内心并没有因为脸蛋变了也跟着变了，表面上她更自信了，但内心她还是以前那个因为自卑而遇到事情闪闪躲躲的王小仙。她还是那么不爱看书，遇事不喜欢思考，凡事都依赖别人的肯定。

王小仙变漂亮了，她喜欢的男孩子还是不喜欢她，不是因为她整过容，而是因为内心的空洞和不自信。王小仙不甘心，为什么自己变得漂亮了，自己心仪的男孩子还是不喜欢自己？他们的关系并未因为她变漂亮而有质的改变，她不理解地去质问那个男孩。结果，那个男孩告诉她："你现在很美，其实你以前也很美，很好看，可是我早就知道自己喜欢什么样的女生，我希望她能给我带来快乐。如果让你难过了，对不起，记住以后别那么傻了，不要为了谁就在自己脸上动刀子，你本来就很美，只是我们不合适。"

虽然"爱美之心，人皆有之"，女人应该好好捯饬自己，才能更认真自信地面对生活。但每天把自己打扮得花枝招展，每次出门都要有震撼全场的风头就大可不必了，我们只需淡妆素抹，让自己看起来爽朗大方，精气神十足就可以了，何必在意自己是

最重要的，是要对自己真心，
认识并接受真正的自己，并加以善用。

不是全场关注的焦点,我们只需做自己人生舞台的焦点。要知道,作为一个女人,想要惊艳众人,从来不是只靠外表,而是靠自己内在和涵养所散发的光芒。

和王小仙一样的女孩有很多,她们渴望自己蜕变成白天鹅,渴望引人注目。但是,大家往往忽略了最重要的一点,那就是对自己真心,真正的美好不是你的容颜、身材,而是你内心的自信和涵养。或许你没有沉鱼落雁之貌,没有聪颖睿智的头脑,甚至会有不能被人接受的缺点,但是,你身上总会有别人没有的闪光点。你要去做的,不是嫉妒羡慕别人的灿烂,而是对自己真心,努力做好自我修养,让自己散发光芒。

公司的豆豆绝对是一个另类女孩,在这个以瘦为美的时代,她一直保持着自己的特色,当然也保持着自己的体重,她曾说过:在她的字典里没有"自卑"这两个字。还记得,她刚到公司报到时,虽然身高1.68米,体重就已经高达80公斤,她看起来是显得有些胖,但她的乐观、自信无人能及,因为她完全不介意别人的眼光和说法。

我很喜欢她自信开朗的性格。与她深聊过几次才知道,原来,大学时代的她可不是这样的。那时,她因闷在家里,甚至一度差点抑郁。直到有一天,豆豆看到一位美国胖女孩竟然为内衣代言,勇于秀出自己的身材。她终于明白,因为自己身材的不完美，已经错过了很多美好的东西，而且最让她惊讶的是，那个胖女孩会说三国语言，还很擅长画画，她的自信和她丰盈的内在，使得她周围有很多喜欢她的朋友。豆豆重新审视了自己，并接受了自己。她决定走出去，有意地增加了社交活动，开始和其他人交朋友，和三五好友出去玩。她还报了瑜伽班，每天练习瑜伽冥想，她还自黑般地说："我的目标就是从一个胖子变成一个柔软的胖子。"随着时间推移，她从80公斤逐渐降到了60公斤，一直降到50公斤。只是想保持健康的身心，没想减肥的她，竟然瘦了下来。

另外，为了提升自己的英语水平，她还报了一个英语班，直到有一天，我见到她替海外营销部的同事跟老外谈合作，她以流利的英语征服了对方，为公司签了一个大订单。

不管是80公斤，还是50公斤的时候，豆豆都以自己的自信、乐观、开朗等独特的内在魅力吸引着众人，她身边一直都有一群关系很好的姐妹淘。

英国有一句谚语："做最差的你。"当别人嘲笑你时，当你遭遇失败时，想想这句话吧！接受不完美的自己，鼓励自己展示自己的才能。如果你不能容忍自己最坏的一面，那至少偶尔想想，你能做多么真实的自己？

在人世间，其实没有完美的人，一味追求完美的，只是一种脱离实际的空想罢了。我们每个人的身体和心灵都存在不完美的地方，很多时候，我们希望自己能朝着完美的方向去改善，让自己看起来最好。

请接受不完美的自己，从容地面对不完美的生活。

不存在完美的人，也不存在完美的人生。我们的每个缺点背后都隐藏着闪闪发光的东西，你讨厌自己略显粗壮的大臂肌肉，但是，这是因为你的大臂肌肉力量大，你是游泳游得最快的；你讨厌自己性格内向，不爱交际，但正是因为内向，所以你擅长冷静地思考分析。

不要鄙弃自己的缺点，不要被小小的不完美蒙蔽了双眼，正视不完美并接受它，只有你真心拥抱它，你的人生才会更加丰富，你的生命才会完整。

## 练习内在正能量

读更多的书，见更美的风景，
认识更好的人，把握真实的自我。

没有什么比精神残废更可怕，因为没有义肢可以装。一个女人的坚强精神，比她的外在更可贵，因为即便她独自一人，也能光芒四射。

——电影《闻香识女人》

内心从容坚强的女人自带香气，她们的内心充满正能量，能聚集生活中所有的幸福与喜乐，不仅给自己带来自信和希望，也能给身边的人以爱的滋养。

要培养自己内在的正能量，就要保持内心的宁静温和。每个人都有权利选择当下的心理状态——心境平和或者内心烦乱。当

你自己心境平和的时候，你会吸引更多的正能量，而当你感觉烦乱无比的时候，你会更多地吸收负面力量，从而将自己导向正能量的反向。

孟桃是一家私立幼儿园的老师，在孩子们眼里，她是平易近人的孟妈妈，因为她完全理解并深爱小孩子们的世界；在家长眼里她是值得信任的孟老师，因为把孩子交给她绝对放心；在同事眼里孟桃是励志姐，因为她比谁都认真生活，活得热忱，也活得精致。其实没有人知道，孟桃走过了多少路才成了今天正能量满满的女王。

孟桃家境不好，父母早在她很小的时候就离婚了，她从小跟着奶奶过。中师毕业后，孟桃就回到家乡当了一名老师。可是，因为她不善交际，后来受人排挤，不得已辞职，离开了校园。因为自己丢失了所谓人民教师的"铁饭碗"，眼见就要跟她结婚的未婚夫，竟然打了退堂鼓。孟桃心灰意冷，觉得全世界都抛弃自己，所有的人都想甩开自己，我那么努力，吃了那么多苦，换来的竟是这样的结局？她感到绝望，看不到未来的路，常常陷入焦虑，失眠。那一段时间，她精神和气色也非常差，年迈的奶奶实在看不过去，把她带回了老家。老家的生活条件虽然比不上城镇生活，但是那毕竟是孟桃小时候玩耍的地方，奶奶希望她能找回简单的快乐，能修一颗淡定平和的心。

看到奶奶的一片苦心，孟桃决定从焦虑绝望的心情里走出来。她跟着奶奶一起早起早睡；边看奶奶织毛衣边听奶奶讲自己小时候的事，甚至听奶奶讲起早就离开自己的爸爸妈妈时也没有以前那么愤恨了。她还经常到家附近的山里去采花、散步，追忆童年的快乐时光，她发现自己最喜欢也最擅长从事跟小孩子有关的工作。慢慢地，孟桃气色越来越好，性格也变得更开朗乐观了，心态变得越来越平和，亲友们再见到她都惊呼：你现在变得越来越好了。生活就是这样，只有你自己内心平和、强大起来，什么艰难险阻都阻挡不住一个正能量满满的你。

练习自己内心的正能量，除了需要平和淡定的心态，更需要

真正的幸福不是活成别人的样子，
而是告别被动，按照自己的意愿生活。

我们主动地去关注自己内心的丰盈。现实中，我们常常听到一些女人的感慨：好累呀！然而，即便如此，她们还是乐此不疲地为了孩子、为了丈夫忙碌，留给自己的时间、生活空间越来越小，在为家庭付出的时候，她们往往忽视了自己。一个优雅的女人，不管有多么爱他，爱家庭，请不要忘了你还有自己和广阔的世界，因为没人会帮你记得它们，也没有人能对你的未来负责，只有你自己。

评判一个女人的一生过得幸福不幸福，并不是有好老公、有钱就是幸福。很多人很有钱，老公也很好，但她们就是不快乐。优渥的家境、体面的老公，这些只是满足了欲望、虚荣的层面，然而难以掩饰内心的空虚。

在繁华的岁月中，请常葆一颗平和宁静的心，并不断地去关怀它、充盈它。读更多的书，见更美的风景，认识更好的人，把握真实的自我。幸福是自己的，只有把握住真实快乐的自我才能得到真正的幸福。

不要等到老去，曾经的虚荣都被磨平的时候，才不再与内心深处那些负面的情绪互相拉扯，才明白我们不应该苦苦地迷恋着那些与我们的人生毫不相干的事物。

练习内在正能量，现在，你就可以脚踏实地地过好每一天，幸福要靠自己努力争取。时间还长，慢慢来。

## 明白要趁早
## ——告别被动的生活

要主动地选择自己想要的生活，
而不是白白等着被生活选择。

"潇洒姐"王潇曾经把自己作为一个女人的奋斗感悟著成了多部书籍，激励了上百万读者，成为年轻女性的榜样。她的名言——"要么旅行，要么读书，身体和灵魂必须有一个在路上"在网络上广为流传，成为众多年轻人的座右铭。

在她的第五部著作《按自己的意愿过一生》中，王潇以坦诚、诙谐的口吻，把自己的亲身经历毫无保留地分享给了大家：从初入职场的学生到身经百战的职业经理人，从坚定的"灭绝组"成员到遇到真爱并喜结良缘，从原本万人之上的《时尚

COSMO》总编辑到事必躬亲的品牌创始人，王潇以一颗真诚、勇敢、坚韧的心，在不同的身份之间游刃有余。最为重要的一点是，她从来没有一天向现实妥协，从来没有一刻背叛自己的初心。

有人认为，生活不外乎两种状态：一种是活给别人看，还有一种就是看别人生活。很多时候，我们似乎自己无法证明自己的幸福，才靠别人的眼光来证明。然而每个人对幸福的定义不一，今天听了路人甲的评论，我们决定像路人甲说的那样生活；明天看到了路人乙的生活，又觉得应该转变思路把生活也过成路人乙的样子。最后，别人问："你过得幸福吗？"答案只有你自己知道。

自己的生活为什么要向他人证明呢？光顾着看别人，自己脚下所走的路却被忽略了。要知道，真正的幸福不是活成别人的样子，而是告别被动，按照自己的意愿生活。要主动地选择自己想要的生活，而不是白白等着被生活选择。

前阵子，约了好友晓楠吃饭，问她最近有什么安排，她眉飞色舞地和我说："9月份去广州玩玩，从那里直接前往香港，品尝一下香港唯一的米其林三星中餐厅——龙景轩，走之前的一个夜晚再到维多利亚港湾赏个月，紧接着，再到台湾游览一番，到中国三大博物馆之一——台北故宫博物院品尝一下东坡肉，然后再

正因为现实残酷,我们才要早早努力,把握人生的最好时机,把生活的选择权握在自己手里。

去塘村吃牛轧糖；10月中旬之后，计划去日本……"这完全就是一场吃吃吃的旅行啊！

虽然，我已经习惯了晓楠"旅行生活"的方式，但是她一直坚持到现在，我觉得很难得。因为来一场说走就走的旅行，并不是每个人都能做到的，不管是出于财力还是精力的原因。在一般人眼里，她的生活似乎很奢侈。说其奢侈，是因为她能不受金钱和时间的限制，能随心所欲地过想要的生活。

晓楠的父母从小就带她走过很多地方，因此，她一直有一个愿望，那就是到那些没有走过的地方走一遭，吃一些没有吃过的东西。为此，她稍微有点积蓄时，就会把大部分时间花在行走的路上，在世界各地游走。如果很喜欢某个地方，她会在当地找一份工作，了解当地的文化，结交当地的朋友，慢慢体味异国生活。这也养成了晓楠较强的生存能力和工作能力，她会很多种语言，擅长摄影、交际，表达能力强……

一开始，晓楠的父母和很多朋友并不赞同这种生活方式。在父母看来，女孩子家就应该稳定下来，找个稳定的工作，嫁个好人，踏踏实实地生活。晓楠的父母从小就很疼爱她，从小就为她规划好了一切，她只需要按照他们所设定的那样，安逸、平稳地生活就可以了。用晓楠自己的话来讲，她就像养在金色笼子里面的一只金丝雀。每天一成不变的生活让她着实恐怖，她不想她的一辈子就这么活，虽然有一世安稳，但是无趣、乏味的生活和工作她都不要。她想努力一把，为了争取自己想要的生活，于是她认真思考，制订计划，一步步地实践，以自己的实际行动来说服父母，自己可以通过努力过上自己想要的生活。她的父母看到女儿用勇气和努力争取自由，看到晓楠正在按照自己想要的生活方式越过越好，最终还是由反对变成了支持，甚至为她骄傲。

我们经常要面临生活的这样一种现状：承受着外力的同时也承受着内力，然后两者相加变成合力，这时所有变量叠加经过意志决定后，得到了共同的结果。我们每个人都在生活中有自己羡慕的对象，认为别人那样的生活才算真正地活过，认为老天太眷顾对方了，然后一直在羡慕别人，自己在悲伤中度过。然而，当你在哀叹生活的不公平的时候，有一些人已经开始行动，慢慢地也变成了别人眼中那个"看上去得到了一切"的人。

明白要趁早，行动也要趁早。有些人往往明白得很早，却迟迟不敢行动，害怕失败，踟蹰不前，最后只能留在原地，看到别人实现梦想的时候，只能酸酸地说："其实，我年轻的时候也有那样的梦想，要不是现实太残酷……"

别给自己的懒惰和懦弱找借口，反过头来却怪现实太残酷。正因为现实残酷，我们才要早早努力，把握人生的最好时机，把生活的选择权握在自己手里。千万别等到自己输不起的时候，才后悔当年没有把握好时机，浪费了大好青春。

把握自己的命运，或许你不一定能成功，但不尝试就永远不可能成功。

年轻人，你有最好的黄金时代，你可以去大胆爱，付出真心；你可以勇敢追求梦想，全力以赴，不惜一切代价；你可以恣意行走，不怕前面的任何艰难险阻……自己争取自己的幸福和快乐，用双手去搭建一个属于自己的未来，把握自己的生活，你绝对可以。

## 别人不是衡量自己的标准，
## 别害怕与别人不同

在别人的眼中生活，永远是别人眼光的附庸，
在自己的眼中生活，你就是自己的主人，
你就是独一无二的。

朋友小 A 跟我说："最近，我每天醒来都会有一种突如其来的绝望的感觉。"

"今天要开营销策划会议，我的营销策划案虽然一定能通过，但是同部门的 A 每次的营销策划案都会博得全彩，比我得到更多夸奖和支持，想想这个，我不想去上班了。"

"我女儿虽然语文成绩很好，但是数学成绩不如邻居家孩子好，想想这个，我不想去开家长会了。"

……

我哭笑不得："唉，我的声音不如志玲姐姐的声音甜美；我游泳不如孙杨游得快；我的幽默感不如小岳岳；我的智商赶不上王昱珩；我老公没有刘嘉玲老公梁朝伟帅……而且，这些我就算努力八百辈子也赶不上。那我去死好了。"

我们常常不自觉地喜欢在很多事情上和别人比，这样会活得很累。"不如人"这种感觉的产生只有一种原因：不用自己的"标准"来判断自己，而是用别人的"标准"来衡量自己。这样一来，只能带给自己"我不如他"的感觉。如果一直按照这样的思维模式想下去，你甚至会觉得"我没有价值，我不配得到成功与幸福，我甚至不配得到谁的爱和关心"。

世界上没有两个完全相同的人，别太在意别人的眼光，别和自己较劲。让自己成熟和进步，获得自己的天地。在别人的眼中生活，永远是别人眼光的附庸，在自己的眼中生活，你就是自己的主人，你就是独一无二的。

我的表妹小洲在一家贸易公司上班，刚开始，她和一位同学都是从最基础的职位干起。可是，没过多长时间，对方加薪了，后来又一帆风顺地升职了。可是小洲在原有的职位上奋斗了三年才升职，那时，她的那位同学已经高出她好几个级别，升到领导层了。

我每次问起小洲的工作，她总提起的话题就是：想起和自己

同时毕业的那位同学如今已经是自己的顶头上司时,心里就很不舒服,自己哪方面比她差了?

或者有的时候我没问她工作情况,她都会跑来跟我抱怨:"你说我怎么那么倒霉?现在在单位基本上保持原地踏步,可是和我一起毕业的同学早就爬到我头上了,她凭什么受重用?不就是长得好看一点,嘴巴甜一点吗?

"想当初在学校时,自己样样都比她好。可是现在,凭什么她能升到比我高的职位?难道我样样不如她?姐姐,我每次看到

每个人都是独一无二的，
都只能按照自己的方式活着，也只能按照自己的方式成功。

她就不舒服，不想和她说话，特害怕别人知道我们以前是同学，心里就像被猫抓一样难受，觉得特自卑。

"我不想整天都在她的阴影下工作，我想辞职跳槽，正好有家之前我合作过的公司问过我要不要去那边。虽然那份工作我不喜欢，薪水也没高多少，但是起码能让我走出她的阴影。"

我以为她之前说的都是恨不过的气话，没想到这真的成了她的问题所在。每个工作岗位都有不同的职能，也要求具有不同的能力，你同学能升到那个职位，说明那个职位适合她，她适合那个职位。你的工作也很重要，而且你也很努力，很认真，每次工作都完成得很出色，这就够了。每个人都是不一样的，不要拿别人的标准来衡量自己。今天你活在你同学的阴影里，明天你就会活在你同事的阴影里。这跟换不换工作没关系。

上天并没有创造一个标准人，每个人都是独一无二的，我们要敢于保持自己的本色，不害怕与别人不同，不执着于同别人比高低，只需要按照自己的样子生活，去寻找属于自己的成功标准。

和我表妹相反，我有一个朋友 A，在广告策划公司工作，她擅长做设计，每次只要跟她交代好了产品性能、客户需求、市场情况等，她都能给你做出令人称赞的设计。但是她有一个缺点，就是不擅长处理人际关系，所以她到公司多年，只是从设计师升到了资深设计师,而比她晚进公司的人已经升到了总监。有一次,跟客户洽谈的时候,我听说他们公司要裁员,我有些担心她。因为这段时间是一个敏感时期,所以,一般大家该表现的表现,该活动的活动,只有她一个人还在低着头做她的设计。

我很喜欢她的行事风格,但还是不得不委婉地提醒她:"这次你们公司裁员,怕是有大的变动啊。"结果她说:"那好啊,我正好干一番事业。"我惊道:"做什么?"她眼睛亮亮地说:"家庭主妇!"

相比我的表妹小洲,她显得悠然自得许多,遇到任何事情都显得特别淡定、从容,有时候替她着急的倒总是身边的那些朋友。

每个人都是独一无二的,都只能按照自己的方式活着,也只能按照自己的方式成功。

一个真正从容强大的人,不会把太多心思花在和别人比较上面。人的时间有限,所以不要为了别人的"标准"而活。我们要做的只是勇敢地去追随自己的心灵和直觉,只有自己的心灵和直觉才知道自己的真实想法,其他一切都是次要。自己拥有绝对的自主权,可决定如何生活,不要被其他人的所作所为束缚。

在别人的眼中生活,永远是别人眼光的附庸,
在自己的眼中生活,你就是自己的主人,你就是独一无二的。

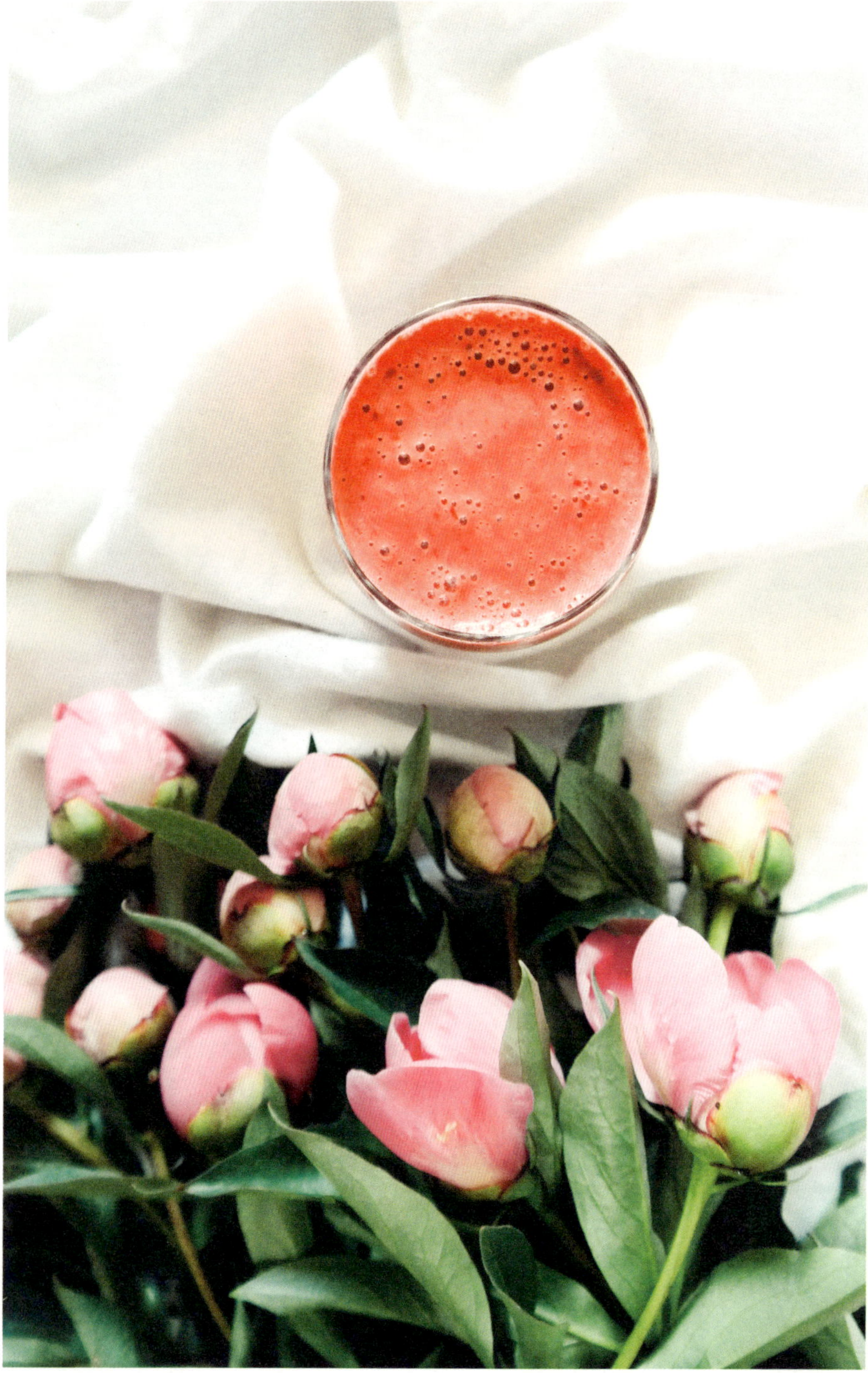

## CHAPTER 04

## 从容地自爱：

### 让爱情和婚姻
### 成为你希望的样子

---

去追，因为梦想值得你义无反顾；去拼，因为只有自己变优秀，眼界才会变大；去勇敢地爱，爱自己、爱伴侣、爱家人，无论再美的风景，有人陪伴才不辜负。

## 从容的女人，最有吸引力

不以物喜，不以己悲，待人接物，
从容而淡定，自信而低调，克制而知足，
她们在自己的人生里活成了闪闪发光的女王。

闲来无事的时候，我总爱坐在街角的咖啡馆靠窗的位置，点一杯拿铁，有意无意地看经过或稍稍驻足的人们，因为这里有最好的观察视角。

有一天，好好的天气突然下起了雨，一时间，行人们四散躲雨，咖啡馆瞬间多了很多顾客，喧闹了许多。窗外的世界只有雨声，却安静了许多，窗外与咖啡馆里的两个世界像是对调了一样。突然，有个身穿深灰色大衣的女人踱着小碎步经过窗边，轻而快，走到咖啡馆的屋檐下躲雨。从她的脸庞看，她有30多岁的样子,但是皮肤和身材都保持得挺好。其实外面的屋檐很窄,风一吹,雨滴就会淋到她的大衣口袋以下的位置。我以为她会进来,一直关注着她,但是她没有,只见她摘下了毛呢手套,拿出一根香烟来抽,我大概明白了,咖啡馆里禁止吸烟,所以她选择在外面躲雨。反过来看,进咖啡馆里面躲雨的某些男士,完全不理会服务生"禁止吸烟"的提醒,兀自地吞云吐雾,还爆粗口抱怨,好好的天气下什么雨……

我继续看那个女人,她一个人在那儿,不顾雨滴飞溅到自己的衣服上,悠闲地享受着这宁静清冷的一刻,她完全没有因为突如其来的雨天而心情烦躁,只是在那儿静静地站着,侧影安静而从容,给人的感觉仿佛一曲《小步舞曲》萦绕心怀。我完全被她吸引了,一个陌生女人竟然有这样的魅力。我正在想如果此时过去给她一把伞会不会打扰到她,一个年轻帅气的小伙推门而出,给她送了一把雨伞。原来,不止我一个人注意到她!果然,从容的女人运气都不会太差,一个从容而优雅的女人,不管走到哪里都会吸引别人的注意。

经历了人生的繁花似锦后,温柔聪慧的女人懂得用生命的那份从容和细致来浇灌自己的灵魂,用从容的心态包容一切,总是以微笑面对困境。不为日常琐事而计较,不为生活的压力而焦虑,不为儿女情长的善变而烦恼忧郁,她一定是最美的。

从容的女人即便容颜老去,心却始终不老,她总是能找到生活的乐趣，为自己的生命注入新的能量。面对生活，她们从来都是不以物喜，不以己悲，待人接物，从容而淡定，自信而低调，克制而知足，她们在自己的人生里活成了闪闪发光的女王。

我有一个发小叫敏，因为热心、性格好，从小老人和小孩都特别喜欢她。其实，就外貌客观来说，敏并不算很好看的那种女孩子。但是，她性格很好，很有爱心，从容又自信，做事从来不拖泥带水，这让她浑身散发着一种不一样的光芒。

我听过很多女孩因为觉得自己长得难看，自卑得不敢直面镜子中的自己。可是，镜子前面的敏从来都是神采奕奕，她知道自己的短板，但是爱美之心人皆有之，她会想办法遮住自己的短板，让人们多多关注她的优点，让人不由得羡慕。一头长发，掩去了半边嫌阔的脸，宽松的T恤，高腰紧身的牛仔裤，同色系的短靴，显示出双腿的修长。这么一身行头打扮起来，再化个淡妆，好看极了。

不仅男人认真的时候很帅气，女人认真起来也很美。后来，敏得到了去英国深造的机会，她很快适应了异国生活的辛苦与寂寞，充分利用自己在英国的时间，去图书馆看书、写文章、学钢琴、设计时装、写诗……殊不知，很多中国留学生到了国外，要么是日日想家，夜夜落寞；要么是挥霍无度，恣意玩乐。很多人不理解敏为什么那么拼，因为大家都是马马虎虎应付一下，论文

不为日常琐事而计较，不为生活的压力而焦虑，不为儿女情长的善变而烦恼忧郁，她一定是最美的。

随便写一些，拿到毕业证就好了啊！敏却不以为然，她说："我相信我的努力值得换来一个从容美好的人生。"

敏在图书馆遇到了现在的男朋友，说起他们的相遇，男友总会说："我从来没见过一个女孩认真看书的样子，那么美，敏就是我的女神！"

一个人能自信从容地面对生活，远比她长得如何重要得多。因为能从容面对人生的人，会常常把笑容挂在脸上，让人感觉如沐春风，充满活力，心生欢喜，更会让人心动不已。只有你相信自己，从容地生活，才能挖掘自身潜力，才能让自己更有吸引力。哪怕是个非常平凡的女人，只要从容面对生活，那么，在人生的舞台上，势必会焕发出女性魅力的独特光彩。

张爱玲曾经在《爱情求证》中说："爱情浓烈的芬芳终究会趋于平淡。然而温柔聪慧的女人却懂得将它植入心中，懂得用自己生命中的那份从容和细致来浇灌。这样的爱情，永远保鲜，实在无须任何求证。"

其实，爱情如此，女人的美也如此。如果懂得用自己生命中的那份从容和细致来滋养它，善用自己的优点，扬长避短，真心对待自己，你的一朵女人花，自会在流逝的岁月与繁华背后，永远保鲜，开成一朵永生花。那种美，永远有人来欣赏，就算无人欣赏，也能开得灿烂，足够点亮每一个寂静无人的夜晚。

只有你相信自己，从容地生活，才能挖掘自身潜力，才能让自己更有吸引力。

## 青春，走一段弯路也无妨

老天总会在你快要绝望时，给你走向幸福的机会，
只要你保持一颗从容淡定、相信未来的心。

  有人说：爱对了是爱情，爱错了就是青春。
  匆匆那年的我们，总有任性地爱到底的勇气，仿佛要用尽你我一生的热情，给那个美好的人。然而，那时的爱情就像荼蘼花开，青春终会过去，我们终将长大，回首青春时走过的那段路，那个人却已走远。
  同样是青春，或许走过一段不明所以的弯路，有人感恩那段岁月，因为正是那段所谓的"弯路"和"遗憾"教会了自己如何去爱，让自己的内心更加温柔强大；有的人却把青春当作伤口，

日后不敢再轻易碰触。

其实,懵懂的青春,谁没有走过弯路?那时我们太年轻,因为不会爱,所以掌握不好分寸。不过还好,因为我们年轻,我们输得起。即使受伤,我们也不会失去再次去爱的能力。那段路日后会成为我们宝贵的财富,正因为那段闪闪发亮的爱情,那段弯路上的美好风景,我们才得以日后成为更好的人。

小冉是公司秘书部新招来的应届毕业生,朝气蓬勃,可爱又大方,擅长搞笑抖包袱,经常逗得大家开心一笑,为一向以严谨细致著称的秘书部办公室增添了不少生机,自然也博得不少单身男同事的喜欢。有一次,秘书部与市场部举办了联谊舞会,市场部的一个帅气男生向小冉表白了,跪地送玫瑰花,小冉欣然答应,众人一片掌声和祝福。

两个人在一起两年后,小冉已经变成了能独当一面的主任,那个男生也小有成就,为公司签了几个大单,大家都在起哄小冉什么时候结婚的时候,小冉突然淡淡地说:"我们已经分手了。"当时场面的尴尬程度可想而知。小冉却淡然地笑着跟大家解释:"多谢大家的好意和关心,我和他在一起的日子很幸福,但是我们都有不能为对方让步的东西,两个人努力过,最后,发现还是不合适,我们和平分手了。现在是很好的朋友。"

小冉说:"我们都还年轻,还有很长的时间,我们遇到彼此,体会到了爱情的甜蜜,也更了解了自己。面对未来,如果我想要

的前方与他想要的不一样,又不能为了彼此妥协,所以我们微笑放手,转身前行。我不后悔与他在一起过,不后悔走过这段弯路,正是这段弯路才把我带到了现在这条路的路口。"

在青春的路上,遇见总是一种美丽,不管对与错,不管在错误的时间里遇上了对的人还是在正确的时间里遇见了错误的人,不管是错了时间还是错了地点抑或是遇错了人。然而这一切终将过去,变成你心里柔软的存在。

我和阿柯相识于大学,她是我的学姐,向来是个特立独行的姑娘，喜欢到处行走，自由自在，一向把感情的事情当成束缚和羁绊，因此单身多年。

直到谈婚论嫁的年纪，父母见她还是一个人逍遥自在，很着急，紧锣密鼓给她安排相亲。她表面上来者不拒，还是父母眼中的乖乖女。但是，每次相亲，她从来没有像父母期望的那样认真对待，她觉得相亲的结果无论怎样都是对父母的一种交代，她把相亲当作多认识一些朋友的契机了。阿柯又很擅长跟各种人打交道，和律师相亲，她多了个会打官司的朋友，还能打个六折；和医生相亲，以后去医院看病排队挂号不用愁了；和搞经济金融的人相亲，以后投资有朋友咨询了……她父母也拿她没办法。

其实，我知道，阿柯不是那种拎不清、胡来的女孩，她只是习惯了一个人自由自在，还没遇到自己喜欢或者合拍的人而已。大学时，其实，阿柯有喜欢的人的，但是对方对她没有那层意思，这个特立独行的女王怎会放下架子去追求表白呢？用阿柯的话说：硬生生因自己可笑的自尊错过了让自己心动的人。

然而，谁知老天总会在你快要绝望时，给你走向幸福的机会，只要你保持一颗从容淡定、相信未来的心。一次同学聚会上，阿柯见到了当年自己喜欢的人，现在的他举止得体、仪表堂堂，阿柯说果然是我喜欢的人啊，一看就是有担当的男人。阿柯说，当时，也不知道自己哪里来的勇气，没有多想，就上去打了招呼，想着先热络起来就表白。不承想，那个她喜欢的人竟然主动过来和她攀谈，聚会结束时，还给她留下了联络方式，说要约她出来吃饭看电影。

　　阿柯激动得像个少女，兴奋地跟我说，"男神约我了！"阿柯的春天终于来了，简直猝不及防。几次见面相处后，阿柯正要鼓起勇气表白，却又被男神抢了先，男神竟然又先一步向阿柯坦白了自己的爱意。他说，大学时候的自己有些自卑，不敢追求特立独行的女王阿柯，现在，觉得自己能给阿柯幸福，不想错过机会。阿柯激动得哭了，她说"终于等到你"。

半个月后，意料之中，收到阿柯的结婚请柬，上面写着：千树万树梨花开，人经历了世间冷暖，涉遍了千山万水，幸好遇见了对方。我想，这也许是对这一段良缘最好的阐述。我想他一定是阿柯等待的那个人。

在爱情中，对未来的人生伴侣，每个人都有自己设定的理想状态。不过，现实总是和理想有着巨大差距，因此，很多人在爱情的路上走走停停。人人都说好事多磨，而爱情之路更是百转千回，在通往幸福的路上，我们兜兜转转，走了些许弯路，或者在一个地方等了很久，但是我们收获了成长与勇气，而总有一个人，温柔只为你绽放。然后，你们一起，白首不相离。

在人生的道路上，有一条路我们都会经历，那就是青春时走的弯路。但是，从青春中成长、成熟，并非一帆风顺，痛哭过，遗憾过，才知道什么样的人更适合自己。才知道，我们要成为一个更好的自己，为了更好的未来，更好的他。

## 爱情不是生活的全部,
## 学会选择和放下,很重要

---

爱情不是一味地付出和牺牲就能换来理所当然的幸福。

因为我写过很多关于两性情感的文章,又是个热心的"过来人",所以成了身边很多年轻朋友的知心大姐。他们的爱情经历各有不同,却有着大都相似的感情问题,要么是跟对方在一起后发现了对方有很多缺点,根本不在乎自己;要么是到了谈婚论嫁的时候,男方迟迟不结婚或者悔婚……

每次都不例外,这次,坐在我对面的90后小姑娘委屈地噘着嘴,红着眼睛对我说:"当初为什么和他在一起?不就是因为觉得他是一个好人嘛,善良到不忍心踩死一只蚂蚁,对我更是死心塌地,无微不至。可是现在呢,两人才恋爱不到半年时间,我们

爱情是一场结伴而行的旅途，即使再相爱，也不必时时刻刻手牵手，不必分分秒秒两相望。

住到了一起。他整天在家里打游戏，我要每天给他做饭，每周都要给他洗衣服；在班上的时候，只要他一个电话，我必须随叫随到。我有急事找他的时候，他却不在服务区，凭什么呀？

"上次，我俩一起参加朋友聚会，散场后，我穿着10厘米高的高跟鞋，双脚痛得快要走不了路，他非但不背我，还满脸嫌弃，都不愿牵着我的手，就那样自顾自地走在前面。"

姑娘越说越委屈……

"每次去超市，都是我推手推车、拎购物袋，人家都是男朋友拎着袋子，推着购物车；我生病不舒服，也是一个人冒着风雪去医院打点滴，我发烧都快四十度了，饭也吃不下去，连起床的力气都没有，他竟然也不闻不问，我跟他抱怨了几句，他就大吵大嚷，'你要是觉得我做得不好，看不惯，那就分手'……

"在我家，我爸妈什么都不让我做，我本来也不会做饭的，是为了他才做饭的；为了他我放弃了父母给我找的一份好工作；为了他我差点和父母闹翻，气得我爸高血压都犯了……我以为，我的爱情，只要我全身心付出，牺牲一下，就能理所当然地幸福，可是现在，我受不了了，我想分手吧一走了之，我可以重新开始，可是我都已经牺牲了那么多，是不是我还不够努力，不够宽容……"

姑娘根本不顾身在公共场合，哭得梨花带雨，看得出来她压抑了很久。

爱情不是一味地付出和牺牲就能换来理所当然的幸福。有时候，一味地妥协让步，抛弃自我，遇到一个不懂得珍惜的人，只会换来绝望。两个人之间，幸福的天平要靠彼此的理解和珍惜来平衡，如果你发现你们的天平失衡了，姑娘，立刻放手吧！爱情不是你的全部，你有更广阔的世界，展翅翱翔。

在我们的生活中，爱情也许仅有一次，但这并不代表它就是生活的全部，学会选择和放下，很重要。在爱情里，不管你有多爱，都要记住，除了爱情，你还有更广阔的世界，你还有自己。如果连你自己都忘记了，谁还能替你记得？

别人不可能是你的整个世界。同样，你也不可能是别人的整个世界。在这个世界上，没有人是为了爱你而生的——即使那个爱你甚于爱自己的爱人。我们每个人都是各自独立而不同的生命个体。

爱情是一场结伴而行的旅途，即使再相爱，也不必时时刻刻手牵手，不必分分秒秒两相望。我们一起走爱情这条路，天气晴朗的时候，我们可以独立行走，但在彼此不远处；阴云密布、风雨来袭的时候，我们出现在对方身边，递把伞、搭把手，不让对方淋湿、跌倒，这就可以。这就是爱情的意义。

爱情并不能承载我们对生活那么多的希冀，更不必把自己对于男人的全部幻想、对于人生的全部期待，全都押在爱情上，爱情承担不了这样的使命，它并不是一个人生活的全部。姑娘，如果一定要在这一点上较劲，那么你的结局只有两个：一个是男朋友去找别的姑娘；一个是你过得不快乐。

其实，不只是爱情，在人生漫长的旅途中，会有山水，也会有风雨，有所得也会有所失。只有你学会选择和放弃，才能拥有一份安然平和的心态，才能活得更加充实，坦然和轻松。

# 低质量的婚姻，
# 不如高质量的单身

好的婚姻应该是爱情的延伸，
相爱的两人会相互分担婚姻的责任，
同甘共苦，相濡以沫。

苏菲·玛索曾说过："女人最可悲的不是年华老去，而是在婚姻和平淡生活中的自我迷失。女人可以衰老，但一定要优雅到死，不能让婚姻将女人消磨得失去光泽。"

自从过了28岁的生日，杨爽就开启了相亲模式。用她的话说，女人一旦过了30岁，就成了大龄剩女，就像超市里不新鲜的青菜，即使有人买还得挑三拣四的。

有一天下午，杨爽突然约我，她告诉我，她要结婚了。

我惊呼:"速度如此之快?!都没听你说过谈恋爱的事,还以为你还在相亲呢!话说回来,你跟谁结婚?"

"之前有一个年龄大我将近一轮的男人一直在追我,他四十岁了,但很有钱,也很爱我,我虽然不爱他,但眼下他是我最好的选择。"

可是,我记得之前杨爽亲口说过,一定要找一个喜欢的人结婚。于是我说道:"你不爱他,嫁给他干吗?"

她斩钉截铁地说:"我都相了半年亲了,年龄合适的都没钱,条件太好的也看不上我,我再耽误下去就29岁了,时间可不等人啊!"

我想不到她那么容易妥协,问:"为什么不找个合适的、心爱的人,然后一起努力、一起奋斗呢?"

杨爽叹了口气:"我也不是没找过,可都没有好结果……到头来,人家都成家立业了,可我呢?我现在都28岁了,我还能相几次亲呀,能有个差不多的人娶我,我也知足了,总不能把自己拖成剩女呀。"

我心里不禁腹诽:"剩女怎么了?"但还是委婉地说:"如果让我跟一个我不爱的人结婚,多美的婚纱我都不想穿。每天早上醒来发现身边躺着一个不爱的人,他没刷牙洗脸的样子我都难以接受,那样的婚姻比坚持单身更难。"

杨爽眼神闪躲地说:"我现在管不了那么多了,不管爱不爱

他，我都要在29岁之前把自己嫁出去。哪怕以后过不下去，离了婚，也得先把自己嫁出去。"

我只能祝她"新婚快乐"了。

其实，跟杨爽一样，有这种想法的女性不在少数。大多数女性一过25岁，就觉得自己和少女时代告了别，着急找意中人，赶紧摆脱"单身贵族"的头衔。甚至有些姑娘，连意中人都来不及找，匆匆忙忙地把自己嫁了出去。而这样的婚姻，往往会暴露出越来越多的隐患，直至婚姻的巨轮说翻就翻，一发不可收拾。

姑娘，你一定要记住：不管多大多老，不管家人朋友怎么催，都不要随便对待爱情，婚姻不是打牌，重新洗牌要付出巨大代价。也不要为了所谓的负责任而去结婚，要知道，不爱对方却和对方结婚才是最不负责任的。即使拒绝时会让对方很伤心，但总比让他几年甚至一辈子伤心强。有时，单身反而会让人拥有一种自信和诚实。

张乐就是一场匆忙婚姻的牺牲品。

她的感情一直不顺，磕磕绊绊的，30岁生日过了也还没结婚。其实，张乐没那么急着把自己嫁出去，可她妈却替她犯愁，总是抱怨她的眼光太高、太挑剔了，她妈经常用上一辈人的婚姻对她进行说教："你看看我跟你爸，也是相亲认识的，没见过几次面就结婚了，现在不也过得好好的？还把你养这么大了，你个白眼狼……"这话听得张乐耳朵都起茧子了。

本来她还没把这话当回事，以为妈妈更年期综合征爆发，唠叨唠叨就好了。没想到她妈是认真的，不仅自己在张乐面前念叨，还联合了七大姑八大姨来现身说法，集体劝张乐赶紧找个对象先结婚，把本来不着急的张乐搞得也焦虑起来。

她发现，周围的朋友全结婚了，自己想找人诉诉苦，舒缓一下压力都没有合适的伙伴了。张乐也着急起来。在家里亲友的介绍下，她和一个家境不错、工作稳定、性格沉稳内敛的人结了婚。

不管多大多老，不管家人朋友怎么催，都不要随便对待爱情，婚姻不是打牌，重新洗牌要付出巨大代价。

两个人从认识到结婚都没超过三个月,结婚前一夜,张乐还在想要不要悔婚,要不要逃走,可是自己没有那么大的勇气。她妈宽慰她说:"感情是可以培养的,日子久了,没有爱情还有亲情呢!"

不过,张乐的婚姻并没有她妈描述的那般幸福。张乐和老公之间没有爱情基础,也没有共同语言,两个人总是因为一些鸡毛蒜皮的小事吵架,就连挤牙膏是从上挤还是从下挤这种小事都能闹得不愉快。终于,结婚不到半年,两个人又花九块钱,结束了这段婚姻。

张乐说:"与其将就找个人嫁了,那日子过得喝口凉水都能塞牙,还不如一直单身。"

硬将两个不相关的人绑在一起,将婚姻的幸福寄希望于婚后的磨合上,那这场婚姻十有八九是不幸福的,还会白白耽误别人。

在《北京遇上西雅图》中,汤唯饰演的文佳佳在最后一刻才明白,自己和老刘的婚姻并不是自己想要的。尽管老刘为了她离了婚,让她去美国生孩子,让她住豪华大别墅,给她很多钱花,能给她买奢侈品,但是,老刘唯独没给她陪伴和理解,她的内心都是空的,没有丝毫的幸福感。于是,她毅然决然地选择了离开,离开这段没有爱情的婚姻,即便离开意味着她会一无所有。离婚后，她做起了营养师，靠着自己的努力让儿子过上了好的生活。当一切依靠自己的双手获得时，她才真正感觉到了踏实和快乐。

　　好的婚姻应该是爱情的延伸，相爱的两人会相互分担婚姻的责任，同甘共苦，相濡以沫；而把两个没有感情的人硬凑在一起，双方都会将这些责任当成束缚自己的枷锁，这对两个人都是一种折磨。这样低质量的婚姻，当真不如高质量的单身。其实，一个人从容优雅地生活，要比两个人总是不开心地吵闹幸福得多。

# 越有勇气的女人，
# 运气越好

幸福，从来都需要我们自己努力，勇敢地去争取。

作为一个女人，我们需要探索真正的自己，并且有勇气做真正的自己。恋爱也好，结婚也罢，实质上都是在创造美好生活，人生就是一个通过经历不同的事物获得快乐和智慧的过程。

很多人认为勇气就是不害怕。而真正的勇气是尽管感觉到害怕，但仍能迎难而上；尽管感到痛苦，但仍能直面事实；尽管知道有多困难，但仍能坚持一往无前，勇敢地过自己想要的生活。

不知你有没有发现，身边那些有勇气、不逃避的女孩或者女人，她们从不羡慕别人的幸福，而是能勇敢地把握自己的幸福，

很多时候，我们会羡慕别人的幸福，
但是，谁的幸福都不是从天而降的。

最后都能收获一份心满意足的幸福。不管是在爱情里，还是婚姻里，越有勇气的女人，运气越好。

小优和彦早在高中时就互相表白了，只是那时候不允许早恋，两个人只能相约高考起码要考到一个城市。果然，他们都考到了上海。大学毕业后，小优考上了家乡的公务员，彦则留在上海工作。两个人开始了异地恋模式。朋友们都跟小优说，这段感情估计走不长远了，趁早分了吧，你男朋友在上海也不一定能混出样子来，而且异地恋人难有修成正果的。小优笑笑没有说话。当时，她也不清楚未来会怎么样，他们会不会一直一起走下去，她只是觉得不应该轻易放弃一段难得的感情。

彦是一个标准的IT直男，有时候有点像工作狂，但总会把小优的事情排在第一位。小优觉得除了自己的父母，彦是世界上对自己最好的人。

开始时，两个人保持每天视频，小优觉得这样就像在彼此身边，就这样，也许他们会有一个美好的未来。随着彦的工作越来越忙，小优的父母也耐不住想给她介绍对象，小优觉得两个人之间好像没那么亲密了。她开始怀疑自己是否该坚持这段感情。但是，小优的生日，彦还是买了机票连夜赶回来，陪她一起吹蜡烛许愿，送了她一枚小小的戒指，小优感动得哭了。彦说，我早就看中了这枚戒指，想着你一定会喜欢，你放心吧，没花多少钱，你喜欢就好！彦对自己那么好，小优很矛盾。

小优这种矛盾的心理一直持续到了冬天，她决定去上海看彦，顺便确定一下自己的心意。小优到了彦的住处，看到他和朋友挤在地下室，地下室潮湿，也见不到光，墙角还有一只"小强"……

　　小优想起彦为了赶上她的生日买机票飞回去陪她，按照彦的想法，一般他都不舍得花钱，可是为了陪她，他竟然坐飞机回去。还有那个戒指，其实是小优一直想要但无奈自己买不起的，彦早知道她的心意，就作为生日礼物送了她。看着彦傻傻地对自己笑着，小优瞬间觉得很心疼他。之前的矛盾一扫而空，她想和这个人一直走下去。小优对彦说："你看你都不会照顾自己，瘦了好多。要不我辞掉工作，来上海找你吧，我有教师资格证，我可以在这儿找一份工作，即使是培训机构的老师也可以的。让我陪你一起打拼。"彦以为她随便说说，问："你公务员的工作不要了？那可是铁饭碗哟。"小优笑着说："不要了。什么'铁饭碗'都比不上和你一起努力啊。"

　　小优不顾父母和朋友的反对，扔掉了"铁饭碗"，来到了上海，与彦一起为他们的美好未来打拼。

　　彦为了让小优住得舒服一点，搬出了地下室，租了个一室一厅。小优也找到一份教师的工作，虽然开始没有编制，但小优很努力认真，很快就得到了学生们和老师们的喜爱。

　　小优和彦在小优到上海的第二年领了结婚证，彦用自己攒的积蓄带小优去韩国度了蜜月。两个人开始小夫妻的生活，偶尔也

有时候幸福也许来得欲盖弥彰，
在它面前，老天总会恶作剧地给你出几道考题，
这时候你还能勇敢地往前迈出那一步吗？

会吵架斗嘴，但是彦总能包容小优，看她心情不好，还会带她去市郊游玩，哄她开心。那些当初劝小优分手的朋友都羡慕小优遇到了这么好的男人。其实，这何尝不是小优勇敢地抓住了自己的幸福呢？

她明明知道，去上海工作生活，压力比在家里做公务员大很多；也许，她到了上海之后，他们的感情还会变质，甚至会分开。但是，她还是勇敢地扔掉别人眼中的"铁饭碗"，选择来上海和彦一起并肩战斗。小优勇敢地向前一步，抓住了自己的幸福，彦把一切看在眼里，更加珍惜她爱护她，给她幸福。

很多时候，我们会羡慕别人的幸福，但是，谁的幸福都不是从天而降的。

有时候幸福也许来得欲盖弥彰，在它面前，老天总会恶作剧地给你出几道考题，这时候你还能勇敢地往前迈出那一步吗？只有勇敢的女人，才会那么幸运，得到那么美好的幸福。

幸福，从来都需要我们自己努力，勇敢地去争取。即便，经历几道考题后，幸福还是没有抵达，至少，我们尽心尽力了，勇敢过，努力过。

# 不论多爱，
# 都不要成为寄生者

不攀附、不依赖，用自己的能力和
涵养为自己赢得一份坚不可摧的安全感，
而不是依靠别人获得。

有个男性朋友曾和我说过这样一件事：

"我老婆生完宝宝后，就辞职在家专职带娃。我月入两万，零花钱每月只有600块。老婆还整天催我赚钱，不涨工资就让我找兼职干，每天累得要死，回家还要帮忙带娃、做家务，日子简直苦不堪言。可是，后来，我老婆又工作了，月入一万五，我的零花钱涨了一倍！老婆的安全感问题也解决了，不再整天催我赚钱，更自信了，再也不折腾这折腾那了，日子过得好滋润！"

我笑着说："恭喜你，直男的春天到来了。"

说完，我陷入了深深的思考。一个女人，不论多爱对方，或者对方多爱自己，都不要成为寄生者，不攀附，不依赖，做一个经济和精神都独立的女人，才有底气活得淡定、从容、踏实、平和。而这世间，漂亮好看的女人有很多，真正淡定、从容的女人却是凤毛麟角。

我的朋友瑾从小就生得好看，学习也不错。大学一毕业就被交往了两年的富豪男友求婚，早早结了婚，过着别人艳羡的富家太太的生活。

依瑾的能力，当然会很好地相夫教子，把家里打理得井井有条，把丈夫孩子都照顾得无微不至，很多亲友都夸她是丈夫的贤内助。瑾个人也很享受这种状态，并引以为豪。

然而随着孩子们逐渐长大，尤其是孩子们上学都不用接送之后，瑾却觉得日子没有以前那么开心充实了。早上送孩子出门上学、丈夫出门上班，驾轻就熟地做好家务，才九点半。有时候，她都觉得时间过得好慢，一种突如其来的空虚感让她无所适从。朋友们提醒是不是更年期综合征提前了，瑾特意去看了心理医生，得知自己只是内心的空虚无法打发，引起了焦虑和不安。

瑾开始回忆自己走过的这些年，她把所有的精力都放在了相夫教子上，从来没有为自己的未来规划过。孩子们小的时候，关注点都集中在孩子身上。变着花样地做饭，只是为了抓住丈夫的胃，更为了抓住他的心，时时提防丈夫身边有没有小三儿出现……

那么孩子们独立了，自己老了之后怎么过呢？

难道像现在的老太太一样，跳广场舞、打麻将加购物吗？因为这是家庭主妇排遣寂寞的主要方式。老了之后，也像她们一样变成斤斤计较、敏感暴躁的老太太吗？

瑾终于想通了，自己需要独立，主要是精神要独立，找到自己感兴趣的一两件事，然后认真地坚持，充实自己；做点小生意、小手工也好，去报一个舞蹈班、语言学习班也好；不要再让

因为自由、从容、淡定、优雅都源自独立,
独立让你不依附别人,不恐惧未来。

自己空虚得只剩一个为孩子老公而活的躯壳。

不是说当家庭主妇的生活方式不可取,要知道每个女人都曾想过当个家庭主妇,看书浇花晒太阳,带着娃悠闲散步。做家庭主妇,也要做一个有底气、从容、坦然的家庭主妇,你的生活就是看书浇花晒太阳。要知道,大部分女人做了家庭主妇以后,大都因为经济或精神的不独立而缺乏安全感,闲来无事的时候,就爱"作一作""试探一下自己的老公是不是真心爱自己"之类的,时间久了,家庭矛盾自然来了。

所以,最重要的是,不攀附、不依赖,用自己的能力和涵养为自己赢得一份坚不可摧的安全感,而不是依靠别人获得。

伍尔夫在她的读书随笔中曾这样写道:一个人一旦有了自我认识,也就有了独立人格,而一旦有了独立人格,也就不再浑浑噩噩,虚度年华了。换言之,他一生都会有一种适度的充实感和幸福感。

因为自由、从容、淡定、优雅都源自独立,独立让你不依附别人,不恐惧未来。独立就是你永远受用不完的底气。

这世间，漂亮好看的女人有很多，
真正淡定、从容的女人却是凤毛麟角。

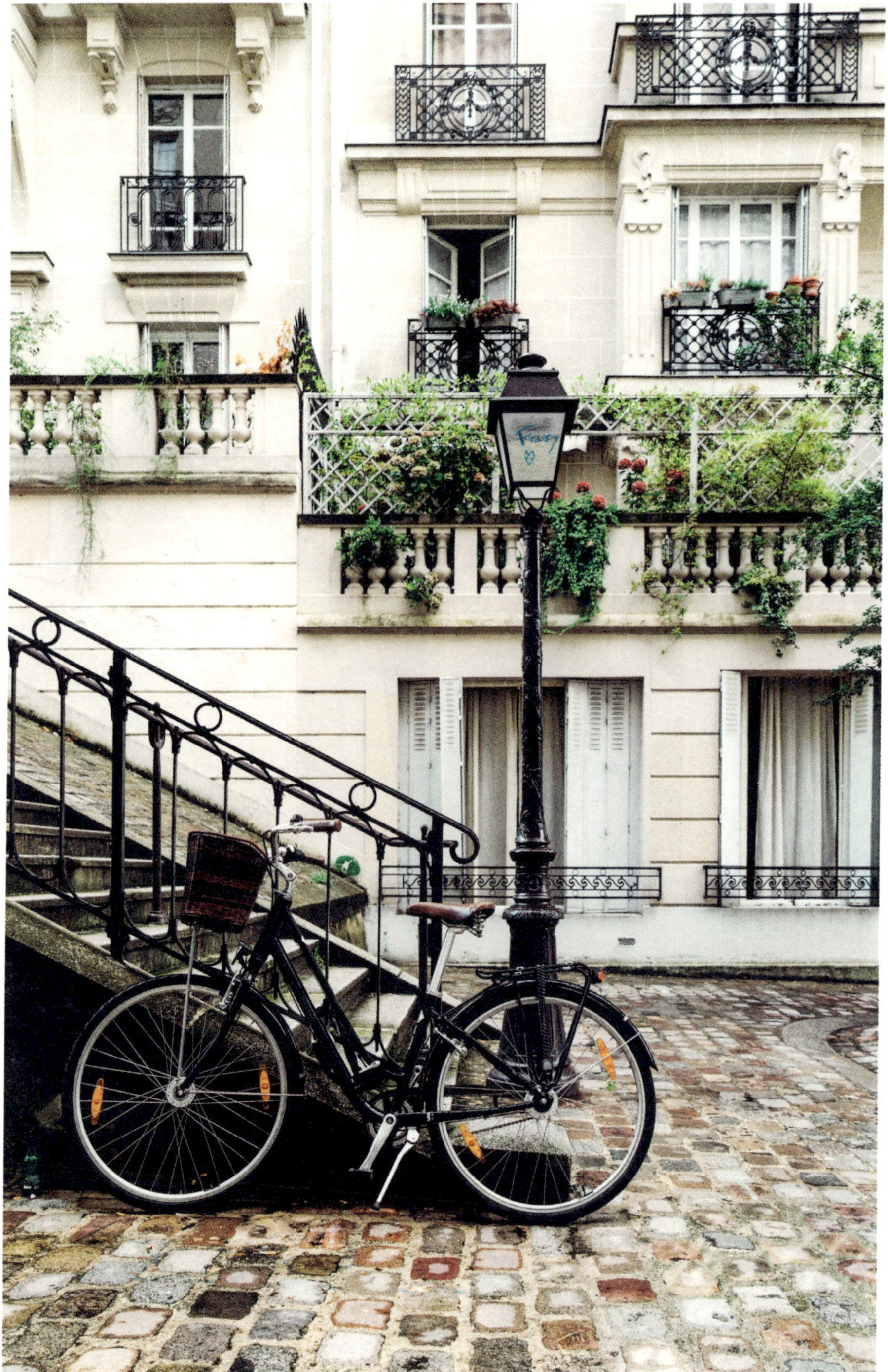

## CHAPTER 05

# 从容地独立：

## 人生永远没有
## 太晚的开始

---

我们无法控制别人嘴里的流言蜚语，但我们可以把梦想都记在自己心里；现在，请做出最好的决定，人生永远没有太晚的开始，让幸福与梦想在我们心里一起扎根、发芽。

一个女人的品位，
是有本事按照自己的意愿，
将生活推向美好

好的品位能为女人营造出一种松弛有度、
刚刚好的生活状态和心理状态——优雅、从容又不失激情与活力。

白岩松说过，当下时代，最好的品位，不是香车别墅，也不是金钱地位，而是心灵的宁静。一个人的品位，不取决于环境、外表、学历等外在条件，而是阅历，万事从心开始，由心来决定。

有些女人追求物质富足的生活，只有物质才能带给她们安全感。为了赚更多的钱，她们终日忙碌奔波，钱赚得越来越多，却被时间赶着走，留给自己的时间却越来越少，心灵早已麻木，从未体验过人生真正的幸福快乐。

有些女人追求安定的家庭生活，把家庭当成全世界唯一的寄托,她们几乎把所有的时间都用在了做家务、照顾丈夫和孩子上。把所有对幸福的期望都寄托在家庭上,却忘了停下来,好好看看镜子中的自己……

当然,每个人都有自由选择生活方式的权利,每个人的生活经历各不相同,其他人没有资格指指点点。但是,不管选择什么样的生活,我们最终追求的都是幸福。而幸福感源自内心,与一个女人的品位有关。一个心灵宁静、优雅从容的女人,才有本事按照自己的意愿,把生活推向美好。

生活就像一面镜子,品位是怎样的,生活就是怎样的。

母亲有一位同龄的朋友,一般我都称呼她路姨。每当秋冬季节来临,路姨总穿着那件卡其色羊毛大衣,从我上高中的时候开始,直到现在,一件大衣竟然穿了十几年!

其实,路姨很有钱,经常在世界各地穿梭,因为她爱好收藏艺术品和登山。我想说一件大衣她穿了十几年,并不是想证明路姨懂得忆苦思甜、勤俭节约,而是她的身材十几年都没有变化!那件大衣还是那么合身,我母亲当年和她一起买的一样的衣服,早就紧得扣不上扣子了。

可是,路姨也是爱逛街的女人,我问过她,是不是这件大衣有特殊的意义,所以一直不舍得丢掉。路姨当时笑着说:"囡囡,你电视剧看太多了吧!一件衣服而已,都是生活,普通的生活,能有什么故事？只是这件衣服自己穿着欢喜，耐穿，有板型、质感，现在的衣服都比不上。"

不是每个女人都能穿上十几年前的衣服，但是，路姨有持久的恒心和强大的毅力。

也不是每个女人都能将同一件衣服一下子穿十几年的，但是，路姨珍惜自己拥有的美好的事物，只要是她有的且是好的，她就不会再觊觎什么限量版、最新款式之类的衣服。

品位和拥有财富的多少无关，好的品位不是靠名牌包包和全球限量版堆起来的，而是在珍惜自己所拥有的日常中积累起来的。好的品位能为女人营造出一种松弛有度、刚刚好的生活状态和心理状态——优雅、从容又不失激情与活力。

然而，有人会说，如今房价、物价那么高，各种保障不到位，生活压力那么大，现在的80后、90后全都疲于解决自己的生存问题，谁还管什么品位好坏高低。

我相信，每个人在自己的每个人生阶段都会面临各种各样不同的压力，如果我们只为缓解压力活着，恐怕我们的压力非但不会得到缓解，还会被无形地放大。说压力大、没时间的不过是在为自己的懒惰和自我掌控力差找借口。一个有品位的女人，绝不会因为生活压力大就轻易地放弃所有的生活乐趣，那样只是赚钱机器，毫无生机。

生活就像一面镜子，
品位是怎样的，生活就是怎样的。

不要再把单身当作邋遢和懒惰的借口，
把你的宝贵时间用来经营自己的生活，提高自己的品位。

在大家眼里，自由职业者的生活也许跟许多人退休后的生活一样，睡到自然醒，出门散步，吃个早午餐，接着就中午了，再睡个午觉，睡醒了再干活……我的朋友依依就是个自由职业者，她对这种想法嗤之以鼻，她说，这样的自由职业者们早就喝西北风了。

事实上，自由职业者的生活节奏更要有规律，只有那些对自己严格要求、自律的人才能持续下去。一句话，自律者方得自由。因为一旦自我放纵，疏于时间管理，你就会面临没有任何收入的状态。懂得这个道理，才有把生活过成自己想要的样子的可能性。

不要再把单身当作邋遢和懒惰的借口，把你的宝贵时间用来经营自己的生活，提高自己的品位。

是时候了，你要学会量体择衣、妆容得体，而不是对所谓的时尚趋之若鹜；学会举止从容、谈吐优雅，而不是心胸狭隘，见识短浅；学会积极乐观地面对生活、热爱生活，懂得放松，却不放纵。

每个人都应该明白，我们为了什么而活。也许在这个冰冷的城市，你只是这个钢筋水泥大机器上的一颗小小螺丝钉，请不要忘记，做一个有品位的女人，才有底气和能力按照自己的意愿生活。祝天下所有女人把生活过成你想要的样子！

## 只绝望3分钟
## ——每个女人都应坚硬、从容地活着

世上从来没有走不出的困境,所有绝望来临的时刻,
都是生命在给你绝地反击的机会。

年少时的我们大抵都有过很多理想,我们怀抱着洋溢的激情,跟别人谈论它、描绘它,为了它付出了无数个昼夜。我们曾自诩自己有高贵的理想,对那些只是为了活着的人投以不理解甚至鄙夷的眼光。

但是,步入社会的第一课就是迎头一耳光,把我们打得绝望。然而,绝望过后,人们的选择不一样,人生也出现了不同的分水岭。有人陷入绝望的情绪不能自拔,从此对梦想绝口不提,谈到自己的失败与成功都是"现在的人都太现实""社会就是这

样现实""你不现实,就无法在这个社会上立足"诸如此类的话语。有人却拥有一颗热情不灭的心,并不是不知道现实有多残酷,只是选择保留那颗炽热的心。正因为体会过绝望,才学会勇敢、从容。绝望的时候,只允许自己绝望3分钟,还能重新站起来的女人,既坚硬又柔软,她们从来都会主动选择生活,而不是被生活选择。绝望时,挺住意味着一切。

淼淼和丈夫是在大学里认识的,两个人很谈得来,常常一起吃饭、上自习、散步、看电影,在一起过得很快乐。大学时的恋爱很少能够善终,但他们很幸运,得以修成正果。

恋爱时,无论男生还是女生,都会或多或少把自己最好的一面展示给对方,同时把不好的一面小心隐藏。然而一旦相处的时间久了,不好的一面都会慢慢暴露出来。

婚后,淼淼老公身上的种种坏毛病都暴露出来。最不能让她忍受的是酗酒,不喝酒的时候,他明明是那么平和的一个人,对淼淼也体贴有加。但是每次喝酒之后,他就像变了一个人一样,从原本的恶语相向到最后的动手打人,甚至有一次,淼淼被他推倒,头撞到桌角上,鲜血直流。就算流着血,淼淼还要把打完人、醉成一摊烂泥的丈夫送到医院打点滴。给丈夫打完点滴后,护士提醒她头上有伤口,她才去做了包扎。后来,她额头上还留了个疤痕。事后,淼淼老公向她诚恳地道歉,并跪地发誓,以后再也不喝酒了。淼淼心一软,又原谅了他。

她老公确实坚持一阵子不喝酒，但是，经历生意破产的事情之后，又开始酗酒了，而且更频繁，还是一样回到家之后打骂淼淼，把家里弄得天翻地覆，淼淼把一切看在眼里，眼前这个男人再也不是当年意气风发的少年了，能忍的她都忍了，机会也给过他不止一次，为什么还是这样？她已经完全感受不到来自丈夫的爱了，而她自己身心疲累，觉得明天都没有希望了。

已经快要崩溃的她痛痛快快地哭了一场，为自己的青春、为爱情、为婚姻，更为那个一去不复返的人。哭完过后，她抬起头，看看刘海遮住的伤疤，淼淼决定离婚。事后，淼淼老公下跪、发毒誓，一通道歉，最后甚至变成威胁她，如果她执意离婚，会想尽办法让她净身出户。淼淼越来越觉得自己离婚是对的。

淼淼说："我不怕净身出户，我有手有脚有头脑，我能靠自己的双手赚钱养活自己，这比天天想他又去哪儿喝酒、喝得烂醉、回家打我骂我好太多了。本来说好一起走完的旅程，如今只有我一个人上路了，我会把我们曾经勾勒的美好未来实现，把生活过成自己期待的样子，为自己，更为曾经的青春岁月。"

命运给你一个比别人低的起点，其实是想对你说，你要用你的一生去奋斗出一个绝地反击的故事，这个故事关于独立，关于梦想，关于勇气，关于坚忍。

前段时间，因为韩国总统朴槿惠的"闺密门"事件，韩国爆发了反政府游行。想来，朴槿惠的执政生涯真是充满了曲折。女性统治者总是比男性统治者遭遇更多的难题。

少年时代的朴槿惠住在青瓦台，耳濡目染国家政治。母亲遇刺之后，她一个人独自挑起大梁，以年少之躯扛起第一夫人之责。在父亲遇刺之后，她离开青瓦台，独自生活，一直到1997年金融危机爆发时，她再次踏入了政坛。在她的传记中我们能看到，母亲、父亲相继遇刺的那段时间，是朴槿惠一生中处于低谷、最绝望的时期。她要扮演家中的长者，面对政客对父亲执政时代的清算，还要依靠自己支撑起强大的内心，推动生活继续向前。朴槿惠说过，人生的每一次跌倒，都是为了更踏实地站立；人生的每一种苦难，都是为了让我更稳健地成长。就是靠着这个信念，她在逆境和绝望中突围，最终成为现在强大的自己。

生活有起有落，现实亦有好有坏，希望是自己给的，绝望同样如此。当你一边感叹现实太残酷，一边已经准备好踏入绝望的深渊时，请记住：你并没有输给现实，你只是输给了自己；不是现实太冰冷、太残酷，而是你如此轻易地就否定了自己，不留一点余地。

雄鹰之所以成为雄鹰，在于它能忍受电闪雷鸣，能够逆风飞行；花朵之所以能散发香气，在于它能利用仅有的微光，忍受了狂风暴雨，抓住生命的希望。人人都知道，成功并不是一件简单的事情，你需要拥有绝地反击的决心，需要不抛弃不放弃的信念，需要十年如一日的坚持，需要自强不息的奋斗，需要无所畏惧的勇气。

尤其是女人，世上从来没有走不出的困境，所有绝望来临的时刻，都是生命在给你绝地反击的机会，好好利用这个机会，挺过去，你就已经依靠自己的力量找到了真我，接着就准备迎接你的美好人生吧！

## 晴天雨天都是必经
## ——生命必须有裂缝,阳光才能照进来

与其羡慕别人的人生,不如勤奋一点、勇敢一点,
让此岸的花开得更加绚烂、更加芬芳,
让艳羡反转,让雨过天晴。

  我们的生活中往往充满不完美,就像每天不会总是晴天。可正是这些生命中的不完美,打开了我们认识世界的门。既然我们不能拒绝伤口,那就用它去感知人间的温暖和寒冷,用它去体会真实人生的起起伏伏。

  生命中所遇到的那些挫折、困难都不算什么。不管经历了怎样的半夜痛哭,早晨醒来这个城市依然车水马龙、阳光灿烂。心有多大,舞台就有多大;梦想有多远,你就能走多远。如果按照自己选择的道路一直走下去,生活总会给你结果。

马苏,唯一一个80后"飞天视后",家喻户晓的影视女演员,一双大大的眼睛里透着倔强和刚强,有一股不可忽视的韧劲。如今的马苏,平均每年都会有五六部影视作品,可以称得上是电视界的"拼命三娘",她自诩"女汉子",要做贫民窟的百万富翁。但是很少有人知道这个坚强的女孩为什么这么拼命这么努力。

1998年,马苏毕业于解放军艺术学院舞蹈系,那时的小马苏只是想跳舞,没想到刚从军艺毕业就赶上了军艺裁员,她没能进入理想的部队文工团。不得以和母亲一起北漂,母女俩在北影厂附近租了一个筒子楼房间。无望从事舞蹈事业后,马苏开始接拍一些广告,维持生计。

慢慢地,马苏发现自己爱上了表演,当一名优秀演员的梦想在她心里埋下了种子。经过两年的努力,马苏如愿以偿地考上了北京电影学院。生命小小的裂缝里,开始有一点点阳光照进来,梦想的种子也开始慢慢发芽。

2002年,还在上大一的马苏接拍了《大唐歌飞》,在其中饰演女一号许合子,从而进入演艺圈。2003年毕业后她参演了《大西南剿匪记》《小夫妻时代》《北京青年》《新白发魔女传》等多部影视作品,被誉为"新晋热播剧女王"。2009年,因出演《北风那个吹》中的"坏"女人刘青一角,获得第十五届上海电视节白玉兰奖"最具潜力新人奖"。

梦想不是放在心里就可以的，我们也不需要小心呵护它，而是需要全力以赴、不顾一切地去靠近它。

然而，那些没戏拍的日子里，马苏就是靠着自己的信念熬过来的，她和母亲住在潮湿阴暗的地下室，没黑夜没白天地跑剧组找活干，低调攒演技。正是那段黑暗低谷的人生经历成了马苏在演艺事业中厚积薄发的动力。

生活总是有好有坏，每个人都会在生活的横冲直撞中受伤，正是那些伤口告诉我们，人要变得坚韧起来。彼岸的风景总是美丽的，因为我们看不到芳草树木掩盖下的蜿蜒与曲折。将辛酸和不堪深深掩藏，只用自己的正面示人，这是我们的习惯，但我们在看别人的时候却经常会忘记这一点，与其羡慕别人的人生，不如勤奋一点、勇敢一点，让此岸的花开得更加绚烂、更加芬芳，让艳羡反转，让雨过天晴。

经历过风雨的人，一定能够看到更迷人的阳光和彩虹；不在挫折面前认输的人才更善于发现生活中的美好与珍贵，更能把自己的人生经营得丰富多彩。

我们从出生的那一刻起，就是这个世界的一部分。每个人自有每个人的使命，都有自己的天地要去闯。不要总羡慕那些你所羡慕的人，他们的身上有你这辈子无法体会的痛苦。既然想得到一种东西，那么就凭着自己的能力去争取。在这个世界上，黑暗是存在的，生命也必须有裂缝，因为只有这样，阳光才照得进来。

有些人认为自己已经懂得很多的"大道理"，你说的都是鸡汤、废话，他们认为那只不过是纸上谈兵。其实，道理不分大小，它们都来自生活的点滴，是很多过来人对人生进行反思总结的结果。

　　36岁之前，董明珠还只是一家研究所的普通行政管理人员。36岁那年，她跳槽到格力，从基层员工做起，一开始就凭着一股百折不挠的拼劲儿，坚持了40多天后，成功为公司追回了40多万元的债务，成为营销界的传奇人物。经过十几年的拼搏，她终于成了格力的董事长、全球100位最佳CEO之一。

　　梦想不是放在心里就可以的，我们也不需要小心呵护它，而是需要全力以赴、不顾一切地去靠近它。趁着时间与身体还允许我们行走，就要勇敢地去折腾。在反反复复的折腾中，人生才可能拥有丰厚的收获。也许在奔向梦想的路上，会有不理解的目光，有阻挠，有冷漠，但是这些都是通往成功之路上的小石子，也是梦想机器的小齿轮。

　　晴也好，雨也好，有风有雨，人生才得以完整。生命正是因为有了裂缝，阳光才能照射进来。正是经历了冷漠，生命才能感受到温暖；正是因为有了低谷，才能有高潮；先忍受了痛苦，才能享受幸福。

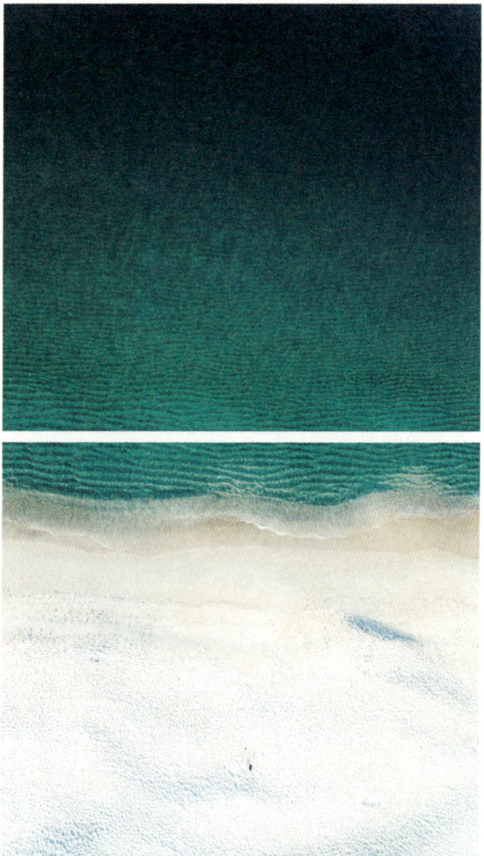

你有趣,世界才有趣,
你从容,世界便豁然开朗

---

一辈子很长很长,一定要做一个有趣的女人,
勇敢地面对生活的每一面。

好友加同事丽曾跟我说:"有一天,我走在路上,突然停下来,看看周围,匆匆而过的汽车和行人,往日的我也是其中的一员,马路对面有一个我,一边跟客户打电话,一边往前走着。忽然觉得,这样的生活好无趣。"

很多人的生活都很匆忙,匆忙地起床上班,匆忙地买菜做饭,匆忙地洗澡睡觉……匆忙得习惯了,偶尔有了一段清闲下来的时光,反而不知道该如何度过才好。周末,全天在家"葛优躺"……于是,时光在浑浑噩噩中被消磨和浪费掉。然后,我们聚在一起

感叹岁月如梭、年华易逝。这种生活，有点无趣。

其实，时间之于每个人都是平等的，并非因为时间过得太快，生活才无趣，而是创造生活的我们自己本身就很无趣，所以，整个世界才显得毫无生趣。

"鬼才"贾平凹曾经说过："人可以无知，但不能无趣。"我喜欢的凤凰卫视女记者闾丘露薇也曾说过："要让自己成为一个有趣的女人。"

丽听到我讲这些，曾问我，"那怎么样才能做一个有趣的女人呢？"

我认为的有趣来自丰富的经历，一个有趣的人必定是一个有故事的人，既然是经历，自然要一件一件去经历过，才会有故事。这跟技巧无关，一个本身无趣的人，学会了很多段子，他也只能是一个无趣的段子手而已。

　　既然要成为一个有趣的人，要多经历事情，那就遇到事情不要逃避。世界上绝大多数人的生活都是平淡如水的，因为他们追求安逸与舒适的生活，遇到新的事物不敢轻易尝试，因为害怕失败，害怕受伤。太多人之所以总是觉得不快乐，活不出真我，是因为他们输不起却想过一种精彩的生活。殊不知，风险和回报永远是成正比的。所以，遇到事情勇敢一些，不要瞻前顾后、优柔寡断。一个有趣的人，尤其是女人，她们必定是遇事从容不惊，对自己想要的东西就去努力争取，自己想去的地方就大胆出发，她们勇敢，永远热爱生活。

　　我曾经遇到过很多有趣的女人，不管是哪种有趣，她们都有一个共同点，那就是从容、勇敢。我喜欢和有趣的女人来往，和她们交流常常会让我对生命有新的感悟。她们可以让我看到更大更广阔的世界。而且，我发现，有趣的女人身边的朋友也都很有趣，因为你越有趣，越会吸引有趣的人来你身边，两个人的智慧摩擦出火花，然后两个人都会越来越有趣。

　　小雅生完孩子后，由于丈夫有自己的事业非常忙碌，为了照顾家庭，小雅辞掉了工作，照顾两个儿子和丈夫。身边的朋

你有趣，生活才有趣，世界才有趣。

友都很羡慕她。但是小雅并不满足自己只是相夫教子,她说:"能把他们父子俩照顾好我很开心,但我不想整天都在他们的世界里游走。我是一个不能让自己空虚的人,我总要找点属于自己的事情做。"

于是,她每天都高效处理家务琐事,给自己腾出时间来读书看报、运动,或者只是静静地闭目养神。有一次,儿子过生日,她为儿子办了生日聚会,请跟儿子关系要好的几个同学和妈妈一起去她家玩儿。小雅做了一些点心招待妈妈们,没想到,妈妈团一致称赞小雅做的点心,都说要拜师学艺。后来,小雅又动手做了面包、吐司等,拿去给邻居们试吃,大家都说好吃。于是,小雅萌生了开一个面包店的想法,跟丈夫说了,丈夫看她计划很明确,就表示全力支持她。于是,她去学习了面包师的正规课程,又去面包店观摩学习,不久,小雅的幸福面包房就开张了。

小雅说:"看到小朋友们大口大口吃着我做的面包,别提有多开心呢!"她还不断研究开发不同的口味,比如专门卖给糖尿病患者的无糖面包,卖给怕长胖的姑娘们的粗粮面包,等等,都受到顾客的一致好评。小雅的丈夫看到自己的妻子能找到想做的事情,更加全力支持,经常带小雅面包房的面包去单位送给同事品尝,给小雅做"推广"。

小雅说:"女人当妈妈后,既是母亲,又是妻子,既是女儿,又是儿媳,是最累的时候。如果这个时候还找不到自己想做的一件事来放松，会变得爱抱怨，看不到生活的可爱之处。虽然每天做面包、经营店铺很不容易，但是这是属于我自己的事业。我还想一直经营下去，老公退休了，我们一起经营，以后再交给我儿子经营，最好能一直经营下去，因为这代表我的生活态度，我想告诉未来的自己和所有的女人，你有趣，生活才有趣，世界才有趣。"

一辈子很长很长，一定要做一个有趣的女人，勇敢地面对生活的每一面，去经历、体验，生活便会让你成为从容、优雅的自己。

著名侦探小说家阿加莎·克里斯蒂笔下有一个可爱的老太太简·马普尔，她是个破案奇才，观察力惊人，终身未婚，依然过得从容不迫。就像马普尔小姐曾经说过的："像我这样，孤零零地生活在世界荒僻一角，得有点癖好才行！"

## 任何时候都不忘记做自己，
## 让从容住进血液里

正是因为有过去的你，才有现在的你，
要对自己说，你做得真好！

"我们穷尽一生在寻找自己是谁的答案，我们以为'女儿'是我们，'妻子'是我们，'母亲'是我们，却常常忘了在这些角色之外，我们还是我自己。"伊能静在自己的微博上如是说。

为了取悦父母，我们都在他们面前装乖巧，听从父母的安排并且认为这是爱的表现。

为了取悦领导，我们都承受过身心难以负荷的工作量，在挣扎着谋生的同时表现出进取的模样。

为了取悦男朋友，我们都曾经改变发型，改变穿着，有时还

得装作善解人意又可爱的模样。

  为了取悦时尚,我们也曾经为了保持傲人身材而吃遍对身体有害的减肥药或者几天不吃饭。

  ……

  何时我们曾仅仅取悦过自己,真正地做自己?

  可是,要做自己并不容易,因为这对于有些人来说意味着要承担失败的责任，可能会经历挫折，面对与他人的冲突。然而，太多的人对于别人的攻击，缺乏应对的勇气与能力。真实的情况是，你好我好大家好，一团和气就好，结果却牺牲了自己。所以，很多人对于真正意义上的独立是畏惧的，内在强烈的不安会使他们望而却步。所以，每当他们面临选择时，总会犹豫不决、缺乏底气，自我怀疑与自我批评是他们习惯了的态度。

面对生活的种种境况，女人从容淡定的姿态来自勇敢做自己。当下就是圆满，当下就是一切，当下的你才是你。你不用为了赢得别人的喜欢而强迫、委屈自己。你就是一枝蔷薇，总有人只想要玫瑰花。做真实的自己的好处就是不需要迎合任何一个人，你不用活得那么累，反而会因为做自己而获得更大的好处。

做营销的人都懂，不去迎合所有的人，而是去抓住那些可能成为你目标客户的人，对这些人下手就可以了。做自己也是一样，你只需要维护好那些喜欢你的人就可以。每一个人都是独特的，每一个人都有特定的磁场。

2016年的双11"剁手节"，大家都忙着清空购物车的时候，歌坛"出大事了"。张曼玉发布了自己的第一支单曲 Look in My Eyes，正式作为歌手出道。偏小众的音乐风格、女神独特的烟嗓唱腔、略带暗黑画风的 MV，一上线就引发了不小的争议。2014年的草莓音乐节，张曼玉正式作为歌手登台表演，这次演出更

每个人的人生道路都各自不同,
不论选择哪个方向,都值得被诚挚地祝福。

是引起轩然大波，网友对张曼玉的唱法和声音吐槽不断，不解张曼玉为什么贵为影后还要从零开始跨界做歌手。

原来，在暂别大银幕的这十二年，张曼玉一直在学习和尝试如何做音乐。其间也曾以歌手身份献唱，却引来一波接一波的质疑。2012年在北京举行的VOGUE120周年庆典晚宴上，张曼玉演唱了自己创作的歌曲Visionary Heart，迷幻的摇滚曲风和独特的沙哑声线完全颠覆了众人眼中之前优雅美丽的影后形象。

跨界做歌手还不够，张曼玉还挑战了综艺首秀，加盟《十二道锋味》和谢霆锋一同开启锋味之旅，张曼玉在节目中着装轻松，却气场十足，女神还是一如既往的气质美好。

在草莓音乐节上，张曼玉说：所以今天会和前天一样，也还是走音的，但没关系，我连着二十几部戏是花瓶，唱歌请给我20次机会。大家纷纷感叹，真是个可爱的人！

在大银幕上演绎人生百态，生活中自由洒脱，不断创造人生新的可能，不被名利束缚，不迎合所谓的市场，永远保持一颗自由炽热的心，这才是真女神。

从出生开始，我们身上就背负了很多角色，慢慢地，越来越多。这些角色的定义来自别人，似乎成不了这些角色，我们就要被轰轰前行的人生抛弃在叫作失败的牢笼里。

请勇敢地做自己，不要为别人的怀疑和否定而改变。如果有人不能接受最真实的你，他也注定不配拥有最好的你。每个人都应该得到必要且足够的尊重，把别人的好恶与追求强加给自己是愚蠢的行为。

每个人的人生道路都各自不同，不论选择哪个方向，都值得被诚挚地祝福。只要不走歪路邪路，只要不把自己的幸福建立在别人的痛苦之上，每个人都能找到自己的生存之道，在每条道路上都有成功的方式。

《东京爱情故事》里的莉香曾经这样说道："正是因为有过去的你，才有现在的你，要对自己说：'你做得真好！'"先给自己定一个小目标，从学会接受自己开始吧！

## 生活总要独自前行，
## 许未来一个绚烂的春天

不论时光如何流转，有些东西永远不会改变，
那就是对美好生活的憧憬与向往。

  每一个现在，曾经都是将来；每一个将来，都将成为过去。一个女人最好的姿态大概是这样的：从过去的悲欢离合中款款走来，享受着当下的美景，对未来充满了期待。

  陈小姐高二那年，父亲心脏病突发，当时花了很多钱治疗。在进行第二次手术时，母亲不得已卖掉了家里唯一的房子。可是最后，父亲还是走了。陈小姐曾一时受不了打击，一度心情压抑。那段时间，她自己拼命地学习，因为只有那样才不会总是想起和父亲过去在一起时的点滴。可是每每放学回家还是会

想起父亲已不在、只剩自己和母亲的悲伤事实，夜里做梦经常在痛哭中醒来。

母亲看她那么消沉，告诉她："就算你父亲没有走，你的人生道路也总要一个人继续走完，人总要独自前行。坚强起来，你的未来一定会绚烂无比！"陈小姐痛哭了一场，擦干眼泪后的她微笑着说："既然在人生的道路上最终得独自前行，那我一定要走得从容、快乐！"

从大一开始，陈小姐就在KFC打工，记得陈小姐的成人礼是在KFC度过的。

大学毕业后，陈小姐如愿进入一家外企工作，由于工作任务繁重，所以她天天都在加班。为了留住上海的客户，她曾从北京连夜奔赴上海，最后，她的诚意帮助她在公司站稳了脚跟。

陈小姐没有名校光环，没有倾城容貌，也没有单手遮天的父亲，但她一直在自己选择的道路上踽踽独行，每一步都在前往最想去的地方。几年来，陈小姐从未抱怨过上帝的不公平，更没有见她因为生活而放弃自己。如今，她的生活安稳，已经从一名小销售员坐上了营销总监的位置。她曾说，要想在黑暗中前进，就要先许自己一个光辉的未来。或许正是因为陈小姐对未来的期许，才成就了现在这个明艳动人的女子。

无论你是否生于繁华，或早或迟，人生总要独自前行。其实不如意的事情，在世界上每一个角落都在发生：职场失意，感情

每天多一点点的努力，不为别的，
只为了日后能够多一些选择，
选择云卷云舒的小日子，选择自己喜欢的人。

破裂，被同伴排挤，生病，自己的意见不被接受……然而，这些不幸的山峰都是你生活的一部分，与其躲在某个角落悲伤，不如坦然面对。

许多女人，在面对过去时不能当断则断，在面对未来的压力时又不堪重负，这样的恶性循环使她们永远只能停留在某段时间。然而，生活不会因为你是女子或是你对未来恐惧，就对你格外怜惜。无论你身处何境，光阴依然会按部就班地流逝，它能使你沉迷于过去无法自拔，也能沉淀你的悲痛，让你成为更好的人。

女人最美的姿态首先应该是从过去中款款走出，既可以洒脱地卸下拖累脚步的包袱，也可以细心珍藏经历过的幸福和苦难，然后才是享受当下、期待未来。既能够因当前的风景而动容，也能够冲着远方微微一笑，然后勇敢前行。只要活下去，我们都是孤独且骄傲的英雄。

埃克苏佩里在他的遗作《要塞》中说："石头是材料，神殿才是意义。"我想，我们也应该把过去垒成神殿，而非囚禁自己的牢笼。我始终相信，过去是当下的土壤，终会在未来开出美丽的花，希望你也一样。生命的意义，在于追求与感悟，而享受这个过程，就是幸福。不论时光如何流转，有些东西永远不会改变，那就是对美好生活的憧憬与向往。

记住，要勇敢地去追随自己的心灵和直觉，请你在出门时，一定要让自己面带微笑，从容不迫地去面对生活。就算迎接冷眼嘲笑，也要微笑着孤独前行。

每天多一点点的努力，不为别的，只为了日后能够多一些选择，选择云卷云舒的小日子，选择自己喜欢的人。

图书在版编目（CIP）数据

女人有底气才从容/张燕霞著.——北京：北京日报出版社，2017.2
　　ISBN 978-7-5477-2422-4

　　Ⅰ.①女…Ⅱ.①张…Ⅲ.①女性-成功心理-通俗读物Ⅳ.①B848.4-49

　　中国版本图书馆CIP数据核字(2016)第316923号

## 女人有底气才从容

| 出版发行 | 北京日报出版社 |
|---|---|
| 地　　址 | 北京市东城区东单三条8-16号东方广场东配楼四层 |
| 邮　　编 | 100005 |
| 电　　话 | 发行部：（010）65255876 |
|  | 总编室：（010）65252135 |
| 印　　刷 | 北京瑞禾彩色印刷有限公司 |
| 经　　销 | 各地新华书店 |
| 版　　次 | 2017年2月第1版 |
|  | 2017年2月第1次印刷 |
| 开　　本 | 880毫米×1270毫米　1/32 |
| 印　　张 | 6.75 |
| 字　　数 | 80千字 |
| 定　　价 | 39.90元 |

版权所有，侵权必究，未经许可，不得转载